JN139316

ひらめき力は、小学算数で鍛えよ

伊藤邦人

はじめに

「どうして勉強するの？」

子どもの頃に，誰もが感じた疑問ではないでしょうか？

読解力をつけるためだよ，自然の法則を知るためだよ，社会の成り立ちを理解するためだよ……教科によって，いろいろな答えがあったはずです。

では，「算数」ならどうだったでしょう？　もしかすると「買い物をするときに必要だから」「空間を把握する力を鍛えるため」「チーム分けをするときに知っていると便利」，なかには「すべての自然科学は数が基本だから」などという答えがあったかもしれません。

しかし，大人になったいま，改めて思うことはないでしょうか？

「台形の面積を求める公式を覚えていても，それがなんの役に立っただろうか？」

例えば，あなたは菓子メーカーの商品企画部署で仕事をしているとします。最近，あるスナック菓子の売り上げが下がってきました。何とかして売り上げを伸ばしたい。さて，あなたなら，どのような解決策が思い浮かびますか。

「味覚」に着目して，
・味のバラエティを増やす。
・食感のバラエティを増やす。
・高級志向の商品を開発する。
・期間限定の商品を開発する。
・低カロリーの商品を開発する。
という解決策を思いついたとします。しかし，解決策は本当に「味覚」だけでしょうか。

「付加価値」に着目すると，
・価格は変えずに増量する。
・菓子袋にグッズを添付する。
・菓子袋を開けたところに，消費者を喜ばせるメッセージを書く。
という解決策が考えられます。

「売り出し方」に着目すると，
・いろいろな媒体を使って宣伝する。
・小売業者に試食コーナーを設けてもらう。
・小売業者に陳列スペースを工夫してもらう。
という解決策が考えられるのではないでしょうか。

このように，解決すべき課題は，ちょっと視点を変えるだけで，複数の解決方法を思いつくことができます。

これは，商品を開発する仕事だけでなく，どのような仕事にも当てはまることです。

解決法の選択肢が多いということは、それだけ人生が豊かになることにつながります。

視点を変えて，複数の解決方法を考える思考のことを，本書では「創造的思考」とよぶことにします。

では，「創造的思考力」は，どのようにすれば身につくのでしょうか。その方法としてとても有効なものに，「1つの課題に対して結論に至るまでのアプローチを多面的に考える」トレーニングをすることが挙げられます。

そこで今回，小学算数の問題を題材に，「視点を変えて，複数の解決方法を考える」トレーニングができる本を書いてみました。

例えば，次のページの問題の解き方を，「3通りの方法」で考えてみてください。

次の図は，正方形 ABCD の中に，中心角 90 度のおうぎ形を 2 つかいたものです。灰色部分の面積を求めなさい。円周率は 3.14 とします。

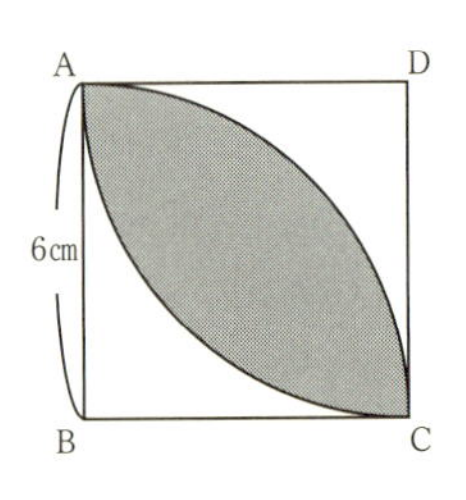

おうぎ形の面積の公式「半径×半径×円周率×中心角 /360 度」は活用してよいこととします。

●**考え方①**

おうぎ形－直角二等辺三角形を求めます。

6㎝× 6㎝× 3.14 × 90 度 /360 度－ 6㎝× 6㎝÷ 2 ＝ 10.26㎠

10.26㎠× 2 ＝ **20.52㎠**

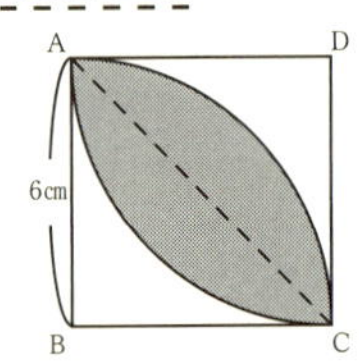

●**考え方②**

正方形－おうぎ形を求めます。

6㎝×6㎝－6㎝×6㎝×3.14×90度/360度＝7.74㎠

7.74㎠×2＝15.48㎠

6㎝×6㎝－15.48㎠＝**20.52㎠**

●**考え方③**

おうぎ形×2－正方形を求めます。

6㎝×6㎝×3.14×90度/360度×2－6㎝×6㎝＝**20.52㎠**

このように，本書では小学算数を切り口として，大人の創造的思考が磨かれるような問題をたくさん集めてみました。「図形」編，「数」編，「文章題」編の3部構成でまとめています。

問題ごとに，考え方の数や制限時間，難易度を設定していますので，読者の方に合った問題から解いてみてください。

また，問題の下に「考えるヒント」を載せています。まずはヒントなしで考え，解くうえで行き詰った場合には，ヒントを参考にしてみてください。

みなさんは学生だった頃，どのような学びをされてきたでしょうか？　もし，答えを追い求めることに重点を置いた学びをされてきたのなら，今一度，これまでの学びを見直してみてはいかかでしょうか。「答え」を探すのではなく，「考え方」を探してみるのです。子どもの頃に覚えた「台形の面積の求め方」などを活用するのは今です。きっと，新たな発見がたくさんあるのではないかと思います。

本書に掲載している問題を一題一題楽しみながら解いていただき，それによって培われた思考力が，少しでもみなさんの人生のお役に立てたのなら幸いです。

ひらめき力は、小学算数で鍛えよ　**目次**

PART 1
図形編

1つの図形でも「全体からひく」「分割する」「移動する」「変形する」「付け加える」「延長する」などのアイデアを加えることで、見えなかったものが見えるようになります。多面的な見方をし、創造的思考力を鍛えましょう。

図形1

平面図形の面積
台形の面積を求めよう！

考え方▶4通り　　制限時間▶15分　　難易度▶★☆☆

下の台形の面積を，公式を活用せずに求めなさい。（三角形・平行四辺形など，台形以外の図形の面積の公式は，活用してよいものとします）

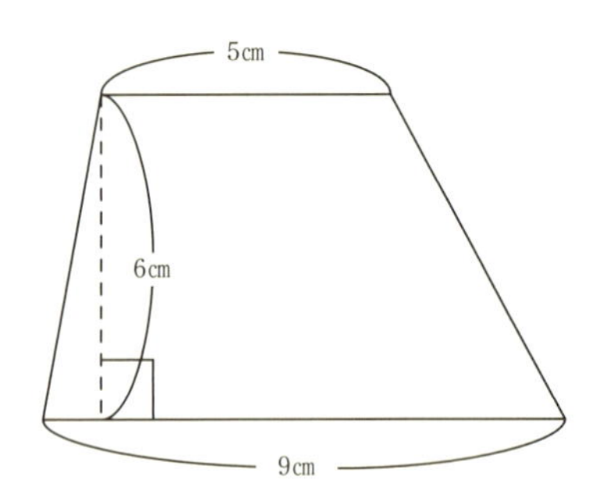

考えるヒント	
	①分ける（1） 台形を三角形2つに分けましょう。
	②分ける（2） 台形を三角形と平行四辺形とに分けましょう。
	③付け足す 合同な台形をもう1つ付け足しましょう。
	④等積移動 台形の一部分を切り取って，移動させましょう。

●考え方①

三角形２つに分けて考えます。

下の図のように，補助線を引きます。

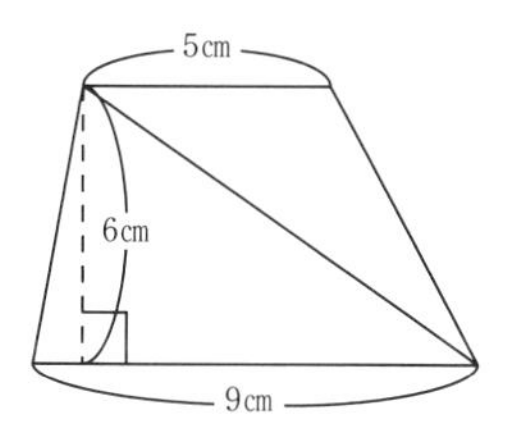

右の三角形の面積は，5㎝× 6㎝÷ 2 ＝ 15㎠です。

左の三角形の面積は，9㎝× 6㎝÷ 2 ＝ 27㎠です。

あとは，２つの三角形の面積を合わせます。

15㎠＋ 27㎠＝ **42㎠**となります。

●考え方②

三角形と平行四辺形とに分けて考えます。

下の図のように，補助線を引きます。

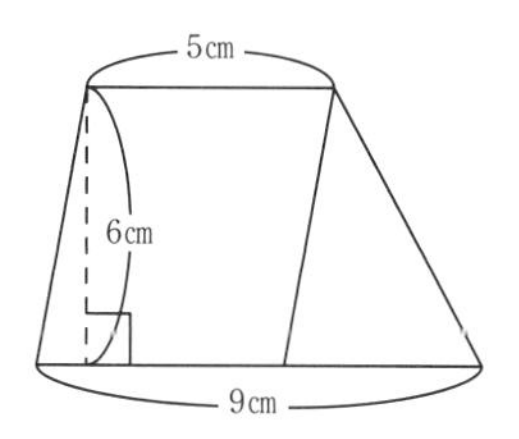

三角形の面積は，（9㎝－ 5㎝）× 6㎝÷ 2 ＝ 12㎠

です。

平行四辺形の面積は，5cm × 6cm = 30cm²です。

あとは，三角形と平行四辺形の面積を合わせます。

12cm² + 30cm² = **42cm²**となります。

●考え方③

合同な図形をもう１つ付け足して，下の図のように平行四辺形を作ります。

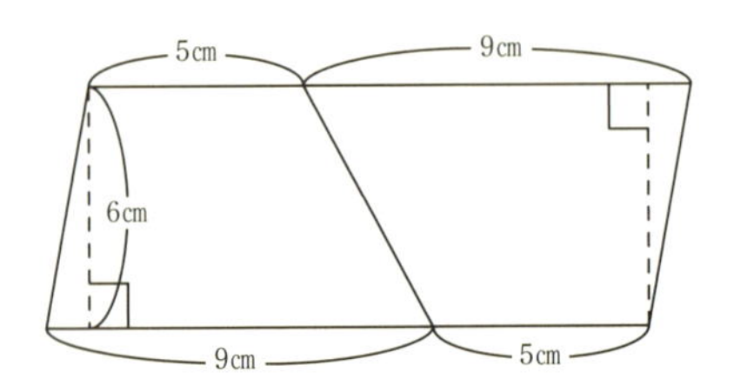

平行四辺形の底辺は，9cm + 5cm = 14cmとなります。

平行四辺形の面積は，14cm × 6cm = 84cm²です。

台形の面積は，平行四辺形の面積の半分なので，84cm² ÷ 2 = **42cm²**となります。

●考え方④

台形の一部分を切り取って，次の図のように移動させます。

等積移動をすることで，台形が三角形に変わります。

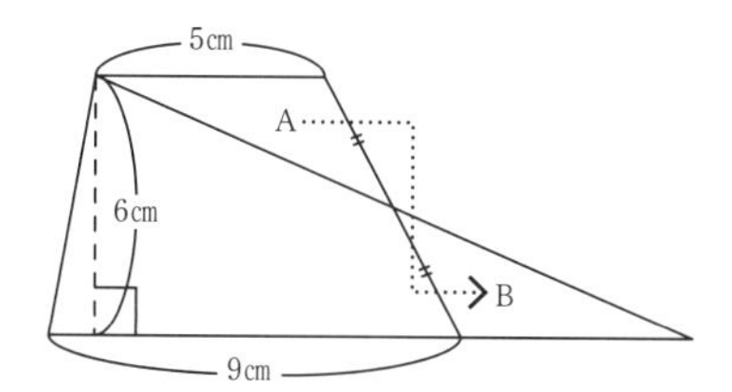

三角形Ａと三角形Ｂは合同なので，Ｂの底辺も5㎝となります。

よって，面積を求める三角形の底辺は，
9㎝＋5㎝＝14㎝となります。

あとは，三角形の面積を求めます。

14㎝×6㎝÷2＝**42㎠**となります。

column 論理的思考力①～統合力～

論理的思考力の１つに,「統合力」があります。

考え方①　$5 \times 6 \div 2 + 9 \times 6 \div 2$
$= (5 + 9) \times 6 \div 2$

考え方②　$(9 - 5) \times 6 \div 2 + 5 \times 6$
$= 4 \times 6 \div 2 + 5 \times 2 \times 6 \div 2$
$= (4 + 5 \times 2) \times 6 \div 2$
$= (5 + 9) \times 6 \div 2$

考え方③　$(9 + 5) \times 6 \div 2 = (5 + 9) \times 6 \div 2$

考え方④　$(9 + 5) \times 6 \div 2 = (5 + 9) \times 6 \div 2$

となり，すべて同じ式に変形することができます。

5㎝…上底，9㎝…下底，6㎝…高さですから，
台形の面積の公式は，
「(上底＋下底）×高さ÷２」と統合することができるのです。

公式というものは，与えられた課題に対して，結論にたどり着くまでのショートカットの役割を果たします。

よって，公式を手にすると大変便利なのですが，公式を単に丸暗記しても，そこには思考は存在しません。

公式の原理・原則を理解した上で，それを活用することに意味があると思うのです。

図形**2**

立体図形の体積
複合図形の体積を求めよう！

考え方▶4通り　制限時間▶15分　難易度▶★☆☆

下の立体の体積を求めなさい。

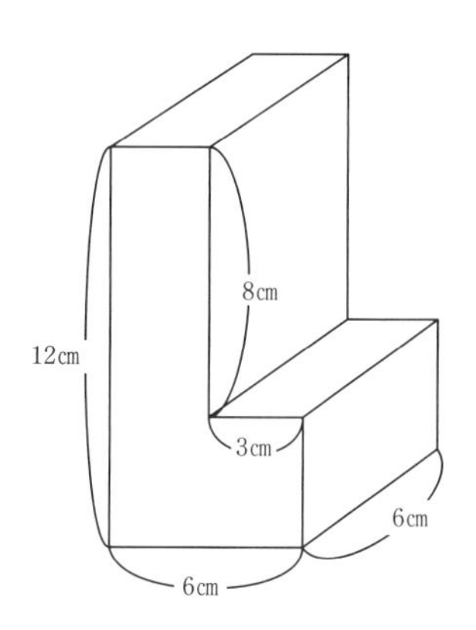

考えるヒント

①分ける（1）
　立体を直方体2つに分けましょう。

②分ける（2）
　①と別の考え方で，立体を直方体2つに分けましょう。

③付け足す（1）
　直方体を付け足して考えましょう。

④付け足す（2）
　合同な立体を付け足して考えましょう。

● **考え方①**

直方体２つに分けて考えます。

下の図のように，補助線を引きます。

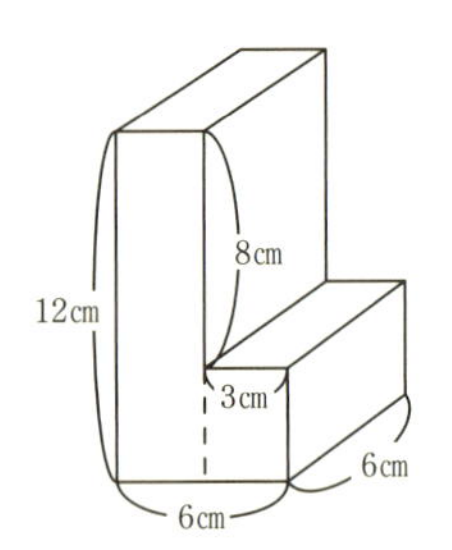

左の直方体と右の直方体に分けます。

左の直方体の体積は，

6cm×（6cm－3cm）×12cm＝216cm³です。

右の直方体の体積は，

6cm×3cm×（12cm－8cm）＝72cm³です。

あとは，２つの直方体の体積を合わせます。

216cm³＋72cm³＝**288cm³**となります。

● **考え方②**

直方体２つに分けて考えます。

次の図のように，補助線を引きます。

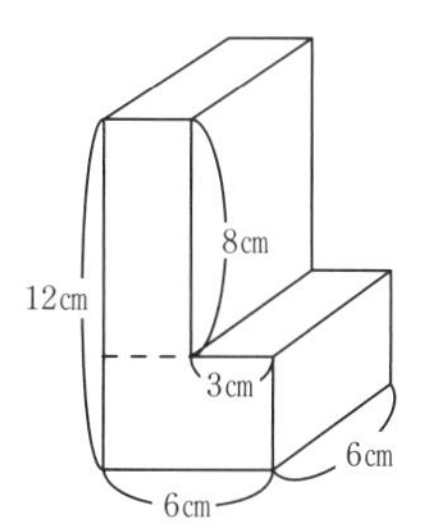

上の直方体の体積は，

6㎝×（6㎝－3㎝）×8㎝＝144㎤です。

下の直方体の体積は，

6㎝×6㎝×（12㎝－8㎝）＝144㎤です。

あとは，2つの直方体の体積を合わせます。

144㎤＋144㎤＝**288㎤**となります。

●考え方③

直方体を付け足して考えます。

下の図のように，補助線を引きます。

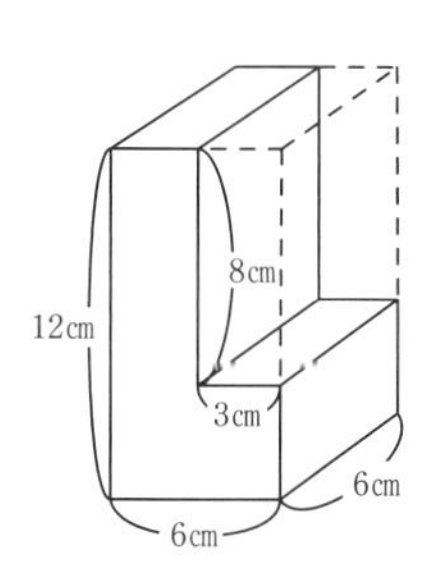

大きな直方体の体積は，

6㎝× 6㎝× 12㎝＝ 432㎤です。

付け足した直方体の体積は，

6㎝× 3㎝× 8㎝＝ 144㎤です。

あとは，大きな直方体の体積から，付け足した直方体の体積をひきます。

432㎤－ 144㎤＝ **288㎤**となります。

●考え方④

合同な立体を逆さにして，合体させて考えます。

下の図のように，補助線を引きます。

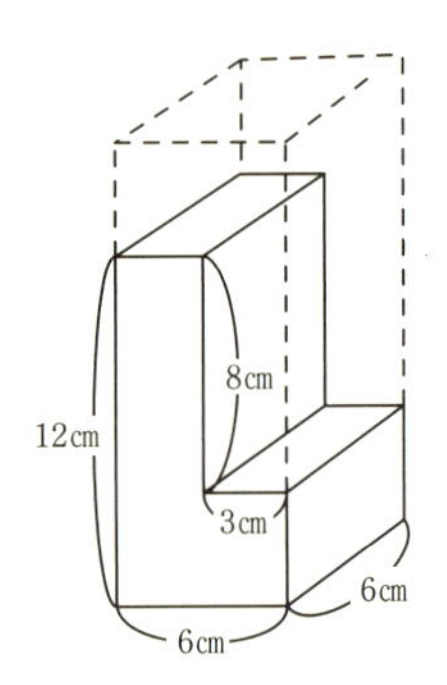

大きな直方体の体積は，

6㎝× 6㎝× {12㎝＋（12㎝－ 8㎝）} ＝ 576㎤です。

求める体積は，この半分なので，

576㎤÷ 2 ＝ **288㎤**となります。

図形3　平面図形の面積
網かけ部分の面積は？

考え方▶3通り　　制限時間▶15分　　難易度▶★★☆

下の図の四角形 ABCD は正方形です。
網かけ部分の面積を求めなさい。

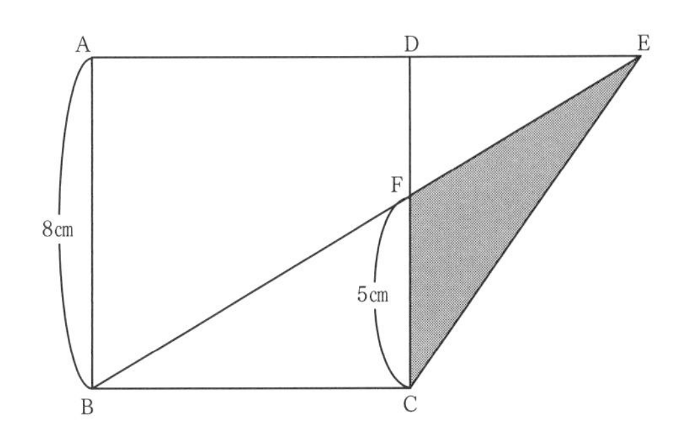

考えるヒント	
	①全体からひく 　大きな三角形の面積から，小さな三角形の面積をひきましょう。
	②等積変形 　面積を求める三角形を，変形させて考えましょう。
	③相似 　相似の関係にある三角形を見つけましょう。

●**考え方①**

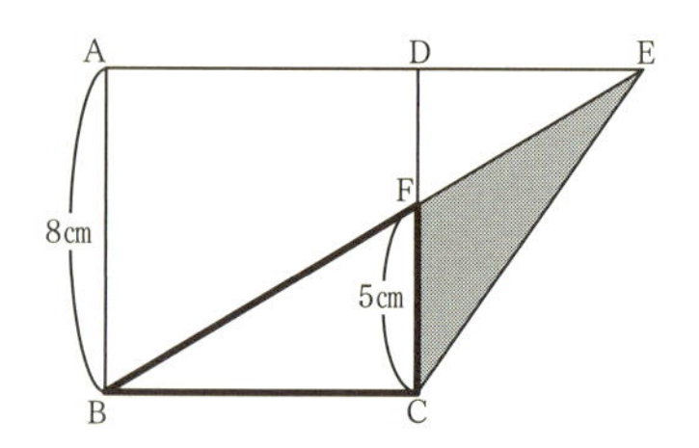

三角形 BCE の面積から，三角形 BCF の面積をひきます。

三角形 BCE は，底辺 8㎝，高さ 8㎝なので，面積は 8㎝ × 8㎝ ÷ 2 ＝ 32㎠です。

三角形 BCF は，底辺 8㎝，高さ 5㎝なので，面積は 8㎝ × 5㎝ ÷ 2 ＝ 20㎠です。

よって，求める面積は，32㎠ − 20㎠ ＝ **12㎠**となります。

●**考え方②**

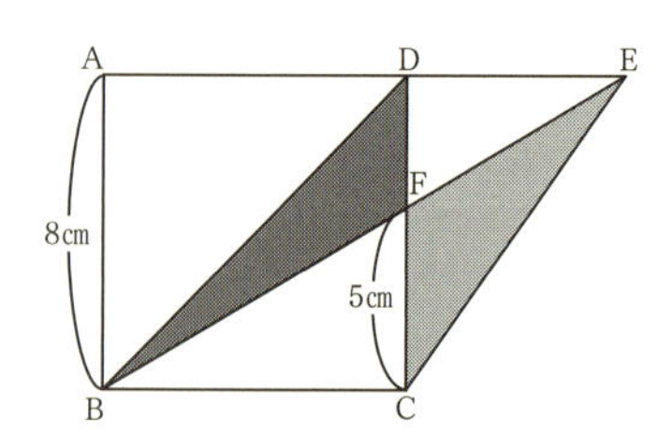

三角形 BCE と三角形 BCD は，底辺の長さと高

さが等しいので，面積が等しいことがわかります。（等積変形）

　また，三角形BCFはどちらの三角形にも重なっているので，
三角形CEFと三角形BFDも，面積が等しいことがわかります。

　よって，三角形BFDの面積を求めればよいことになります。

　三角形BFDは，底辺が8㎝－5㎝＝3㎝，高さが8㎝なので，
面積は3㎝×8㎝÷2＝**12㎠**となります。

●**考え方③**

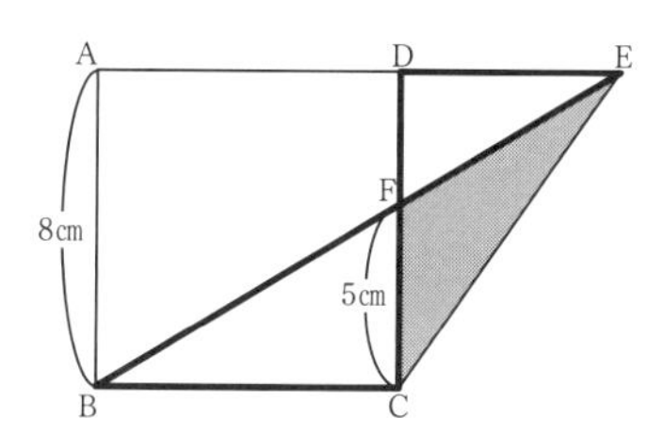

　三角形BCFと三角形EDFは，3つの角がそれぞれ等しいので，相似の関係にあります。

　辺DFの長さは，8㎝－5㎝＝3㎝なので，三角形BCFと三角形EDFの相似比は，CF：DF＝5：3となります。

よって，BC：ED＝⑤：③とわかります。

⑤＝8㎝なので，ED＝③＝8㎝÷5×3＝4.8㎝となります。

三角形CEFは，底辺5㎝，高さ4.8㎝なので，面積は5㎝×4.8㎝÷2＝**12㎠**となります。

column　見える化①

現状を見つめていても，全く前進できない場合，視点を変えることが必要となります。

視点を変える手段の１つとして，何か「手を加える」ことが挙げられます。算数の場合は，「補助線」が有効になることがあります。

算数で図形に補助線を引くのは，以下のような場合です。
・図形を分割する
・図形を変形する
・図形を付け加える

例えば，図形３の問題でいうと，考え方②は図形を変形するための補助線です。

経験が不足しているときは，やみくもに補助線を引くことになり，解決への糸口を見つけるのに時間がかかります。ところが，経験を重ねると，前述のような意図をもって補助線を引くことができるようになります。解決できるまでの時間が，大幅に短縮されます。

意図をもって手を加えることにより，今まで見えなかったものが見えるようになるのです。

図形4

角度
星形の角度の合計を求めよう！

考え方▶3通り　　制限時間▶15分　　難易度▶★★☆

下の図で，黒く印のついた角の角度の和を求めなさい。

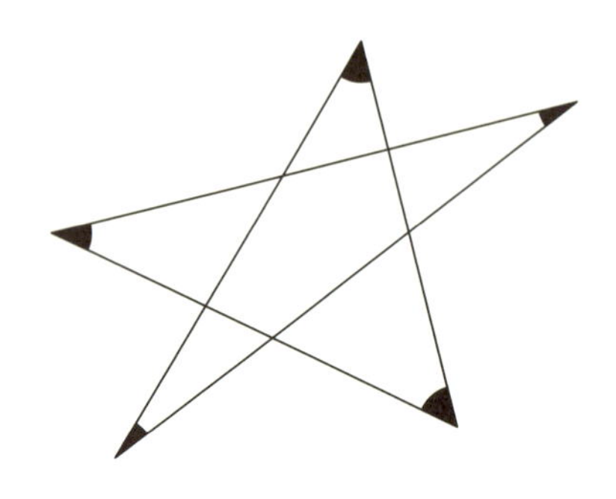

考えるヒント	①外角定理（1） 散らばっている角度を，1つの三角形に集めましょう。
	②外角定理（2） 補助線を1本引き，散らばっている3つの角度を1か所に集めましょう。
	③外角定理（3） 補助線を1本引き，集めた角度を再び散らばらせましょう。

●考え方①

下の図のように，三角形の内角２つをａ度・ｂ度とすると，残り１つの内角は，
180度－（ａ度＋ｂ度）となります。

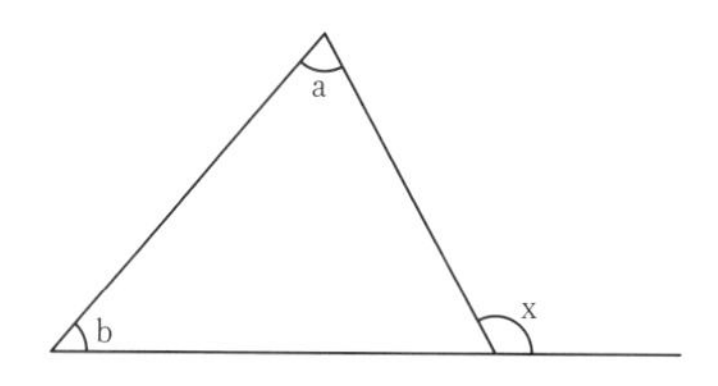

よって，その外側の角（外角）の大きさｘは，
$180 - \{180 - (a + b)\} = a + b$ となります。

つまり，三角形の内角２つの大きさの和が，外角の大きさと同じになります。これを，**外角定理**といいます。

今回の問題では，この考え方を活用します。

下の図のように，太線で囲まれた三角形において，外角定理を活用して角度を移動させます。

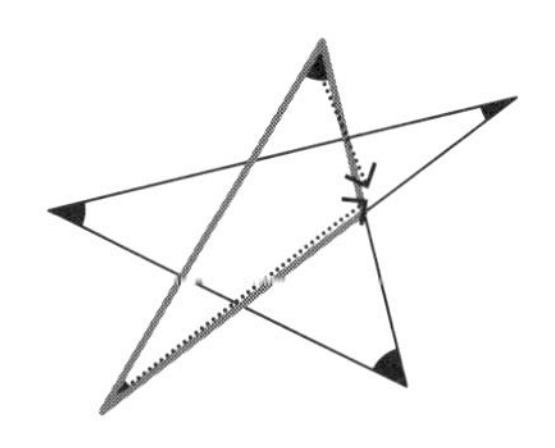

同様に，次の図のように，太線で囲まれた三角形

において，外角定理を活用して角度を移動させます。

以上から，下の図の太線の三角形に，求める角度がすべて集まります。

よって，角度の和は**180度**となります。

●考え方②

下の図の太線の四角形に注目します。補助線を引いて２つの三角形に分け，それぞれの三角形において，外角定理を活用します。

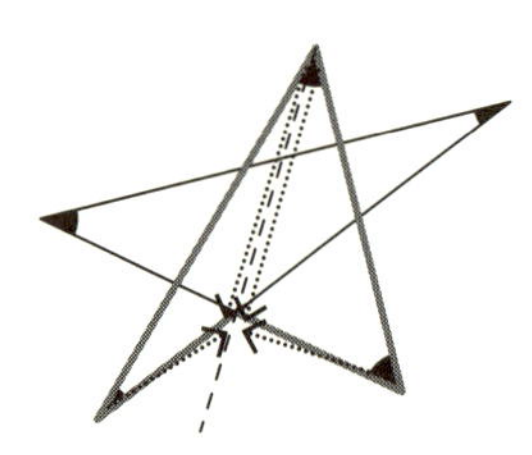

すると，下の図のように，求める角度が集まります。

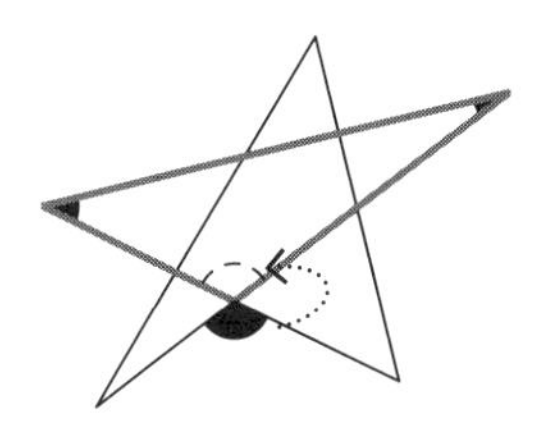

向かい合う角度は等しいので，集まった角度を点線の角度に移動させます。

以上から，太線の三角形に，求める角度がすべて集まります。

よって，角度の和は180度となります。

●考え方③

下の図のように，太線で囲まれた三角形において，外角定理を活用して角度を移動させます。

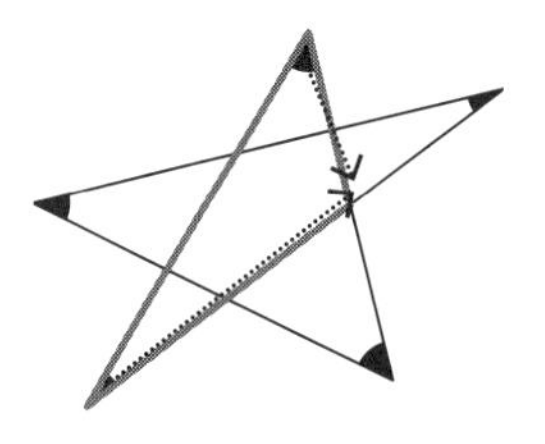

次に，次の図のように補助線を引き，集めた角度を再び移動させます。

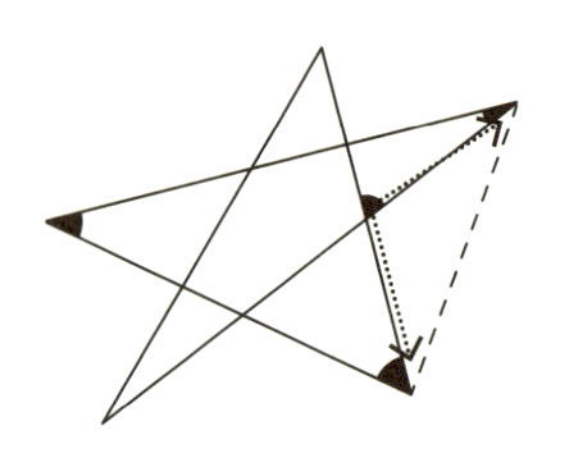

以上から，下の図の太線の三角形に，求める角度がすべて集まります。

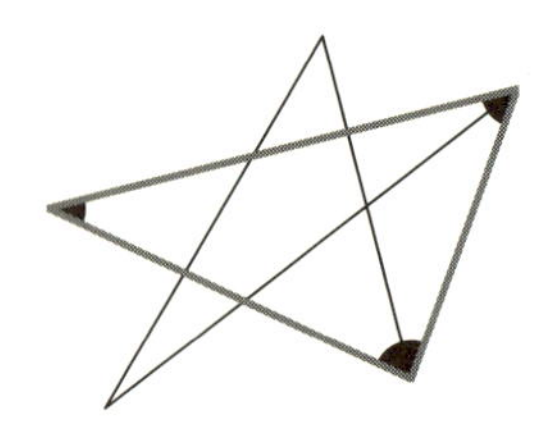

よって，角度の和は **180度** となります。

図形5　図形の拡大と縮小①
？の長さを求めよう！

考え方▶3通り　　制限時間▶15分　　難易度▶★★☆

下の図の？の長さを求めなさい。

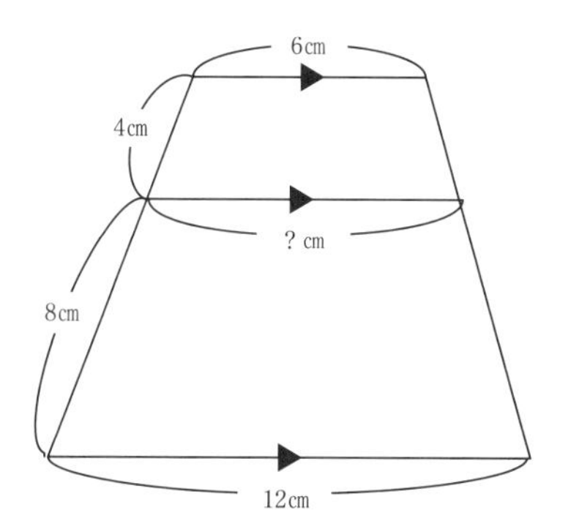

考えるヒント

①分ける（1）
　三角形2つに分けて考えましょう。

②分ける（2）
　平行四辺形と三角形とに分けて考えましょう。

③延長する
　線分を延長させて，相似の関係の三角形を作りましょう。

●考え方①

下の図のように，補助線を引いて，台形を三角形2つに分けます。

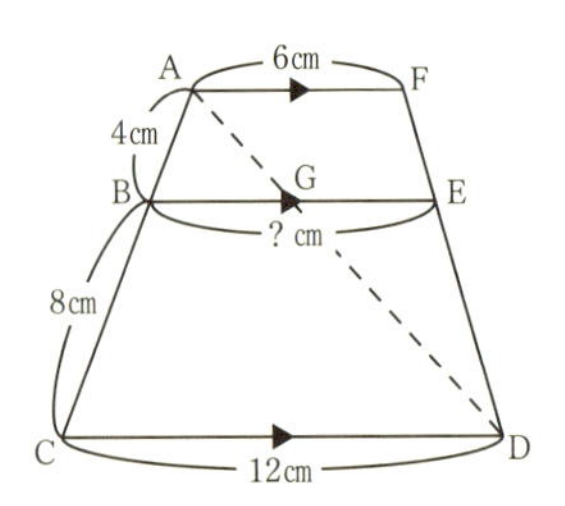

三角形ABGと三角形ACDは，3つの角がそれぞれ等しいので，相似の関係にあります。

三角形ABGと三角形ACDの相似比は，

AB：AC＝4cm：(4cm＋8cm)＝1：3となります。

よって，BG：CD＝①：③とわかります。

③＝12cmなので，BG＝①＝12cm÷3＝4cmとなります。

同様に，三角形DEGと三角形DFAは，3つの角がそれぞれ等しいので，相似の関係にあります。

三角形DEGと三角形DFAの相似比は，

DE：DF＝8cm：(8cm＋4cm)＝[2]：[3]となります。

よって，EG：FA＝2：3とわかります。

[3]＝6cmなので，EG＝[2]＝6cm÷3×2＝4cmと

なります。

以上から，？の長さは 4㎝＋ 4㎝＝ **8㎝**となります。

●考え方②

下の図のように，補助線を引いて，台形を平行四辺形と三角形とに分けます。

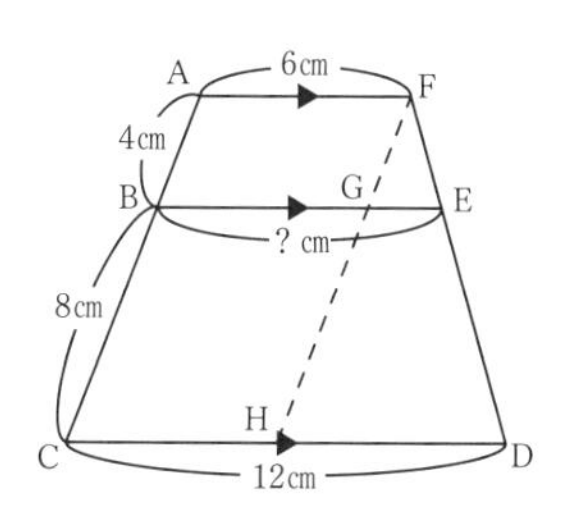

四角形 ACHF は平行四辺形なので，BG ＝ 6㎝とわかります。

三角形 FGE と三角形 FHD は，3 つの角がそれぞれ等しいので，相似の関係にあります。

三角形 FGE と三角形 FHD の相似比は，
FE：FD ＝ 4㎝：（4㎝＋ 8㎝） ＝ 1：3 となります。

よって，GE：HD ＝①：③とわかります。

③＝ 12㎝－ 6㎝＝ 6㎝なので，
GE ＝①＝ 6㎝÷ 3 ＝ 2㎝となります。

以上から，？の長さは 6cm＋ 2cm＝ **8cm**となります。

●考え方③

下の図のように，線分を延長させて，三角形を作ります。

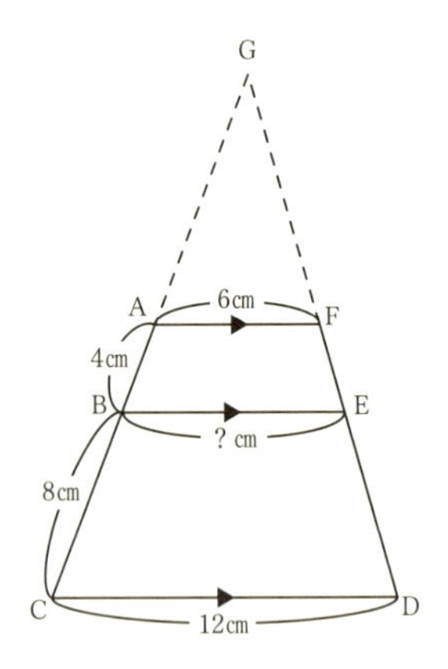

三角形 GAF と三角形 GCD は，3 つの角がそれぞれ等しいので，相似の関係にあります。

三角形 GAF と三角形 GCD の相似比は，
AF：CD ＝ 6cm：12cm＝ 1：2 となります。

よって，GA：GC ＝①：②とわかります。

②－①＝①＝ 4cm＋ 8cm＝ 12cmなので，
GA ＝①＝ 12cmとなります。

また，三角形 GAF と三角形 GBE は，3 つの角がそれぞれ等しいので，相似の関係にあります。

三角形 GAF と三角形 GBE の相似比は，

GA：GB ＝ 12㎝：（12㎝＋ 4㎝）＝[3]：[4]となります。

よって，AF：BE ＝ 3：4 とわかります。

[3]＝ 6㎝なので，

？の長さは[4]＝ 6㎝÷ 3 × 4 ＝ **8㎝**となります。

図形**6**

平面図形
半径の長さは？

考え方 ▶ 2 通り　　制限時間 ▶ 15 分　　難易度 ▶ ★★☆

下の図は，直角三角形 ABC の中に，円がぴったり入っています。このとき，円の半径の長さを求めなさい。

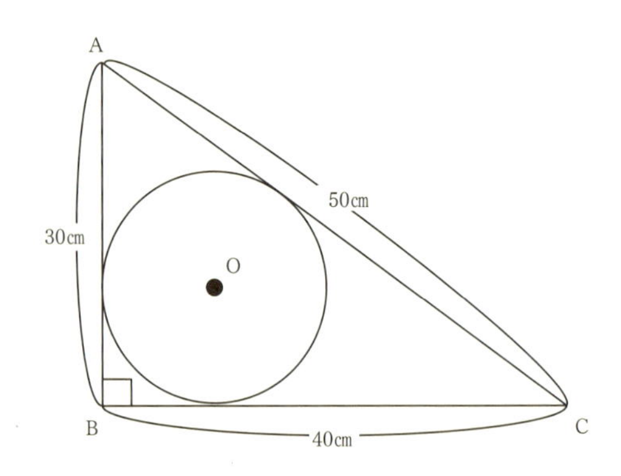

考えるヒント	①面積 円の半径を高さとした三角形の面積を考えましょう。 ②消去 「接点から接線の交点までの長さは等しい」という性質を活用しましょう。

●考え方①

下の図のように，補助線を引きます。

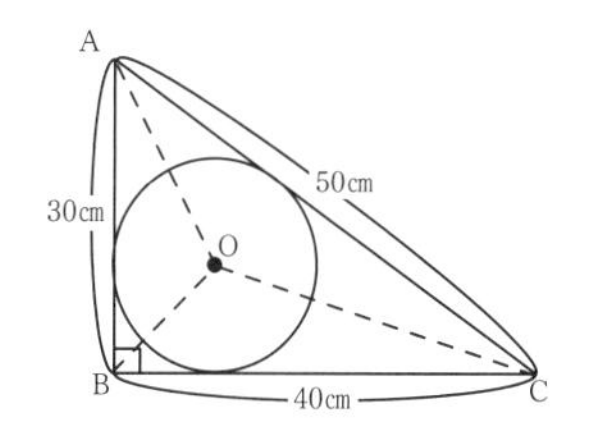

直角三角形 ABC の面積は，
40cm × 30cm ÷ 2 ＝ 600cm²です。

また，補助線を引くことにより，直角三角形 ABC は 3 つの三角形に分かれました。

どの三角形も，高さは円の半径になります。

円の半径を？cmとすると，直角三角形 ABC の面積は，
30cm × ？cm ÷ 2 ＋ 40cm × ？cm ÷ 2 ＋ 50cm × ？cm ÷ 2 ＝ 60cm × ？cmとなります。

よって，60cm × ？cm ＝ 600cm²となるので，
円の半径は，600cm² ÷ 60cm ＝ **10cm**となります。

●考え方②

次の図のように補助線を引き，それぞれの長さをア・イ・ウとします。

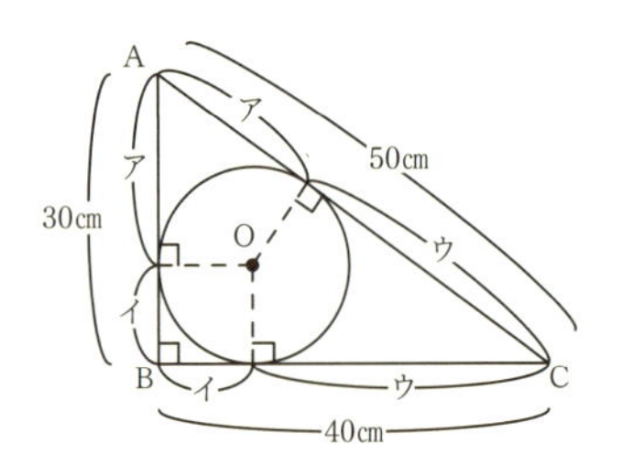

ア・イ・ウの関係を式に表すと，

ア＋イ＝30cm

イ＋ウ＝40cm

ウ＋ア＝50cm

となります。

この3つの式を合計すると，

（ア＋イ）＋（イ＋ウ）＋（ウ＋ア）＝30cm＋40cm＋50cm

すなわち，

（ア＋イ＋ウ）×2つ分＝120cmとなります。

ア・イ・ウの2つ分ずつの長さの合計が120cmなので，1つずつの長さの合計は，

120cm÷2つ分＝60cmとわかります。

ア＋イ＋ウ＝60cm

ア＋ウ＝50cmから，

イの長さは，60㎝－50㎝＝10㎝となります。

　または，
（ア＋イ）＋（イ＋ウ）＝30㎝＋40㎝
　すなわち，
イ×2つ分＋ア＋ウ＝70㎝となります。
　ア＋ウ＝50㎝なので，
イ×2つ分＋50㎝＝70㎝
　よって，イ1つ分の長さは，
（70㎝－50㎝）÷2つ分＝10㎝となります。

column 視野を広げる

図形6の問題は，図形の問題でありながら，考え方②は「和と差に関する文章題」と関連しています。

図形問題は図形の考え方のみ，文章題は文章題の考え方のみとして考えてしまいがちですが，枠を超えて，視野を広げることが大切です。そうすることで，世界観が広がります。

下に一例を挙げます。

> A・B・C・D・Eの５種類のお菓子があります。
> このうち，２種類のお菓子を選ぶことができます。
> 選び方は，全部で何通りありますか。

この問題，書き出したり，図や表にまとめたりして考えることもできるのですが，次の式で求めることもできます。

$(5-3) \times 5 \div 2 + 5$

これは，多角形の対角線の数の考え方です。

「場合の数」の単元の問題ですが，「図形」の考え方に発展させることもできるのです。

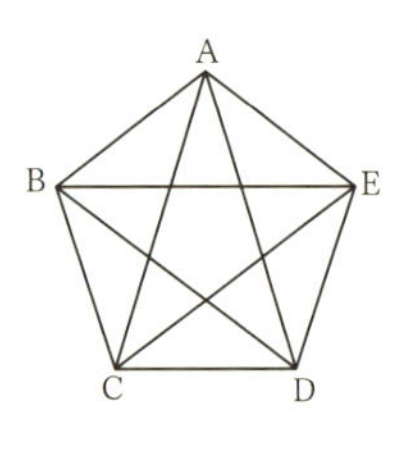

図形7　体積の変化
はじめの深さは？

考え方▶3通り　　制限時間▶20分　　難易度▶★★☆

下の図のような円柱形の容器Aに水が入っています。水の深さが8cmになるまで円柱Bをまっすぐ入れたところ，円柱Bが水中に入った部分は5cmでした。はじめ容器Aには何cmの深さまで水が入っていましたか。

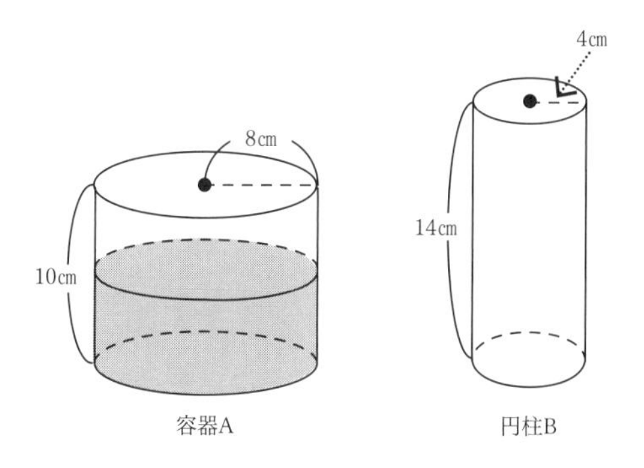

考えるヒント

①体積一定
　円柱Bを入れる前と入れた後で，水の体積は変わりません。

②等しい体積（1）
　円柱Bを入れたことで，移動した水の体積を考えます。

③等しい体積（2）
　考え方②を，比で処理します。

●**考え方①**

容器Aの底面積は，$8\text{cm} \times 8\text{cm} \times \pi = 64\pi\text{cm}^2$

円柱Bの底面積は，$4\text{cm} \times 4\text{cm} \times \pi = 16\pi\text{cm}^2$

よって，容器Aの底面積のうち，円柱Bが上にない部分の面積は，$64\pi\text{cm}^2 - 16\pi\text{cm}^2 = 48\pi\text{cm}^2$

まとめると，下の図のようになります。

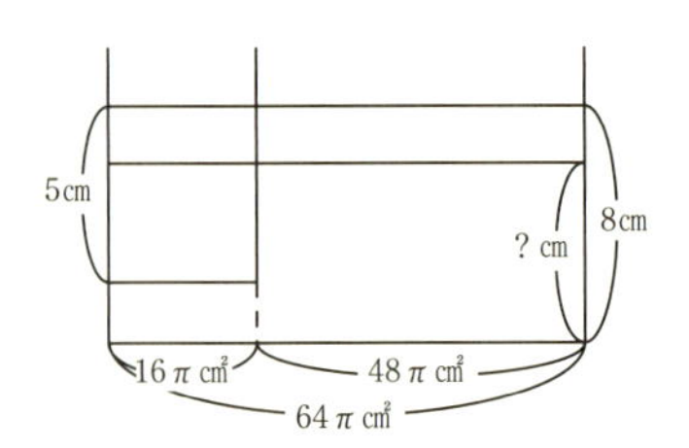

円柱Bを入れる前と入れた後で，水の体積は変わりません。

はじめの水の体積は，

$64\pi\text{cm}^2 \times 8\text{cm} - 16\pi\text{cm}^2 \times 5\text{cm} = 432\pi\text{cm}^3$です。

よって，はじめの深さは，

$432\pi\text{cm}^3 \div 64\pi\text{cm}^2 =$ **6.75cm**となります。

●考え方②

図のそれぞれの場所を，ア・イ・ウとします。

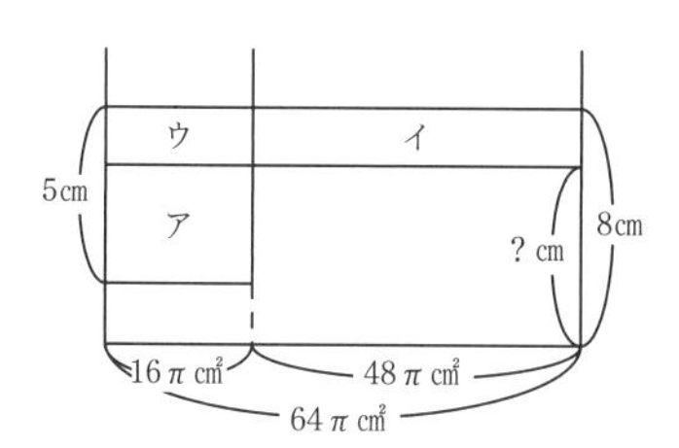

円柱Bを入れたことで，アの場所の水がイの場所に移動しました。

よって，アの体積＝イの体積となります。

アもイも体積を求めることはできないので，共にウの体積を付け足して考えます。

ア＋ウの体積は，16π㎠×5cm＝80π㎠となります。

これと，イ＋ウの体積は等しいわけですから，
イ＋ウの高さは，80π㎤÷64π㎠＝1.25cmとなります。

よって，はじめの深さは，
8cm－1.25cm＝**6.75cm**となります。

●考え方③

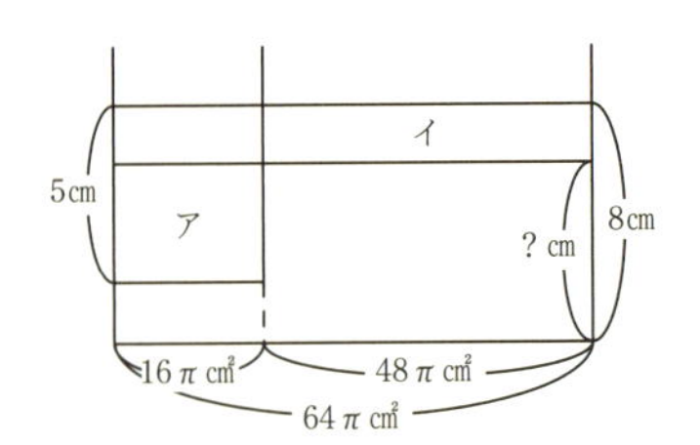

アの体積＝イの体積なので，

16 π㎠×アの高さ＝ 48 π㎠×イの高さとなります。

16 π：48 π ＝ 1：3 なので，逆比の関係を活用して，アの高さ：イの高さ＝③：①とわかります。

③＋①＝④＝ 5cmなので，①＝ 5cm÷ 4 ＝ 1.25cmとなります。

よって，はじめの深さは，

8cm－ 1.25cm＝ **6.75cm**となります。

column　見える化②

補助線以外にも，付け加えることで新たなものが生まれることがあります。図形７の問題の考え方[2]では，アの体積もイの体積も求めることができない。だから，ウの体積を付け加えることで，求められなかった体積が求められるようになりました。

以下は，付け加えることで解決する問題です。

次の図の四角形 ABCD は１辺 10㎝の正方形で，AE ＝ 2㎝，BG ＝ 2㎝，FD ＝ 3㎝です。

四角形 AEHF と三角形 GCH の面積の差を求めなさい。

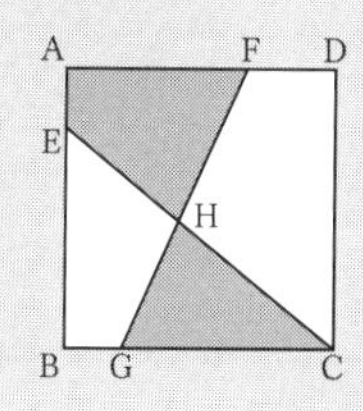

四角形 AEHF の面積も三角形 GCH の面積も，求めることはできません。では…？ぜひ考えてみてください。

答えは 5㎠です。

図形**8**

図形の拡大と縮小②
面積から長さを求めよう！

考え方▶3通り　制限時間▶20分　難易度▶★★★

図のような正方形ABCDの中に，三角形AEPを作りました。三角形AEPの面積が29㎠のとき，CPの長さを求めなさい。

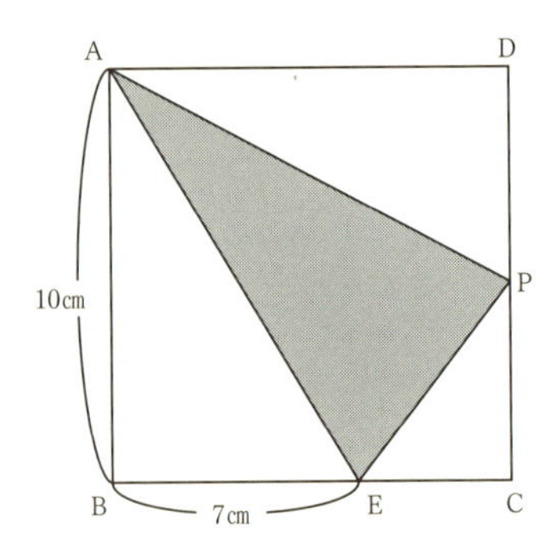

考えるヒント	①面積の変化 PがCからDに進むにつれて，面積がどのように変化するのかを考えてみましょう。 ②分ける（1） PからADに平行な直線を引き，三角形AEPを分けましょう。 ③分ける（2） EからABに平行な直線を引き，三角形AEPを分けましょう。

●考え方①

Ｐが C の位置にあるときを考えます。

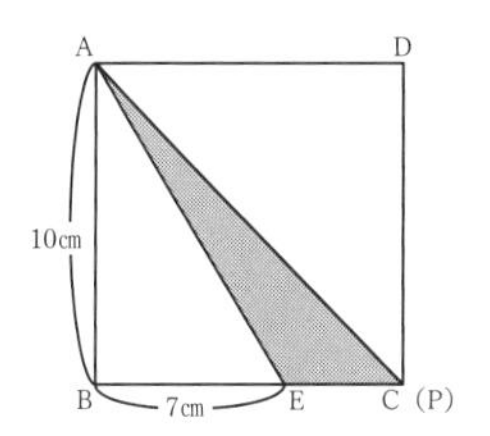

三角形 AEP の面積は，
（10㎝－7㎝）× 10㎝÷2＝15㎠となります。

次に，Ｐが D の位置にあるときを考えます。

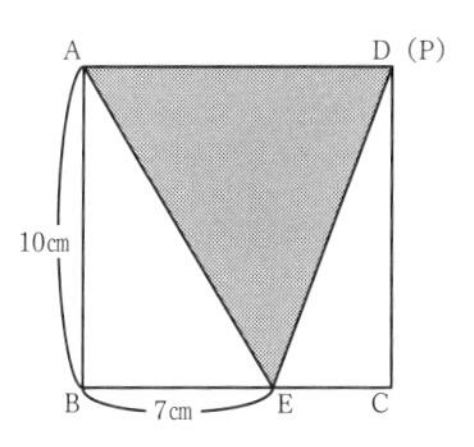

三角形 AEP の面積は，10㎝× 10㎝÷2＝50㎠となります。

三角形 AEP の面積は，Ｐが C から D に進むにつれて，15㎠→ 29㎠→ 50㎠と変化することがわかります。

15㎠から29㎠へは，面積が29㎠－15㎠＝14㎠増え，

29㎠から50㎠へは，50㎠－29㎠＝21㎠増えています。

つまり，Pは，CDを14：21＝2：3に分けたところにあることがわかります。

CPの長さは，10㎝÷（2＋3）×2＝**4㎝**となります。

●考え方②

図のように，PからADに平行に直線を引き，AE・ABとの交点をそれぞれQ・Rとします。

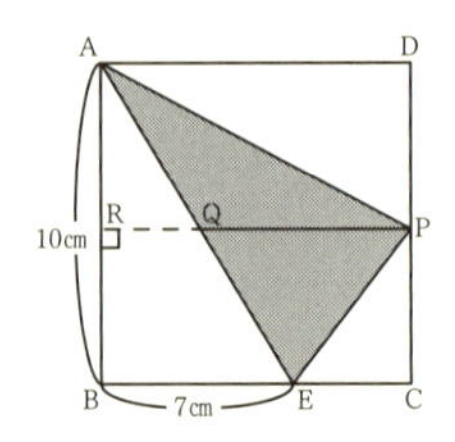

PQ×10㎝÷2＝29㎠なので，

PQ＝29㎠×2÷10㎝＝5.8㎝となります。

よって，RQ＝10㎝－5.8㎝＝4.2㎝となります。

三角形ARQと三角形ABEは，3つの角がそれぞれ等しいので，相似の関係にあります。

三角形ARQと三角形ABEの相似比は，
RQ：BE＝4.2㎝：7㎝＝3：5となります。

よって，AR：AB＝③：⑤とわかります。

⑤＝10㎝なので，
AR＝③＝10㎝÷5×3＝6㎝となります。

以上から，BR＝CP＝10㎝－6㎝＝**4㎝**となります。

●**考え方③**

図のように，EからABに平行に直線を引き，AP・ADとの交点をそれぞれQ・Rとします。

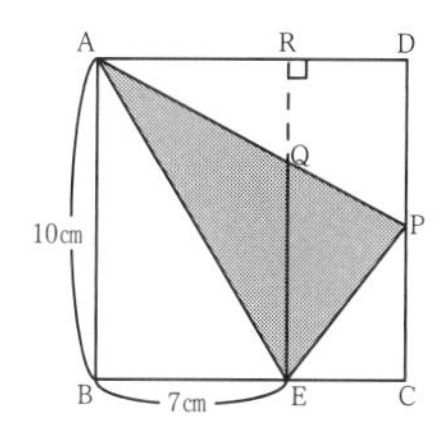

QE×10㎝÷2＝29㎠なので，
QE＝29㎠×2÷10㎝＝5.8㎝となります。

よって，RQ＝10㎝－5.8㎝＝4.2㎝となります。

三角形ARQと三角形ADPは，3つの角がそれぞれ等しいので，相似の関係にあります。

三角形ARQと三角形ADPの相似比は，
AR：AD ＝ 7㎝：10㎝＝ 7：10 となります。

よって，RQ：DP ＝⑦：⑩とわかります。

⑦＝ 4.2㎝なので，
DP ＝⑩＝ 4.2㎝÷ 7 × 10 ＝ 6㎝となります。

以上から，CP ＝ 10㎝－ 6㎝＝ **4㎝**となります。

図形9　立体図形の移動
円すい台の回転数は？

考え方▶3通り　　制限時間▶15分　　難易度▶★★★

左の図のような円すい台を，右の図のようにして転がします。もとの位置からひとまわりして戻ってくるとき，円すい台は何回転しますか。

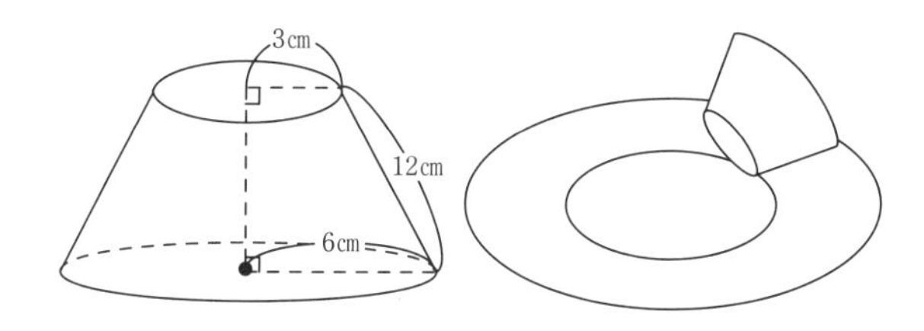

考えるヒント	
	①長さ 1回転したときに動いた長さを考えましょう。
	②角度 1回転したときに動いた角度を考えましょう。
	③面積 1回転したときに動いた面積を考えましょう。

●**考え方①**

円の中心を起点として回転しているので，円すい台を延長して円すいとして考えます。

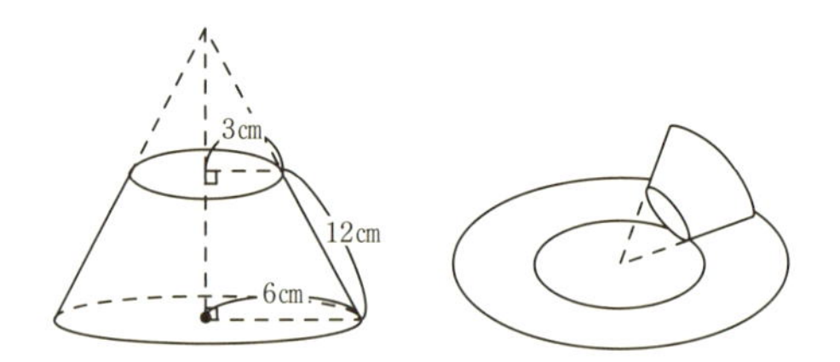

円すいの母線の長さは，三角形の相似から12㎝×2とわかります。また，円すいがひとまわりしたときに底面部分がえがく円の半径は，円すいの母線の長さです。

ひとまわりして戻ってくるまでに，円すいの底面が動いた長さは，

12㎝×2×2×π＝48π㎝となります。

円すいが1回転したときに動いた長さは，

6㎝×2×π＝12π㎝です。

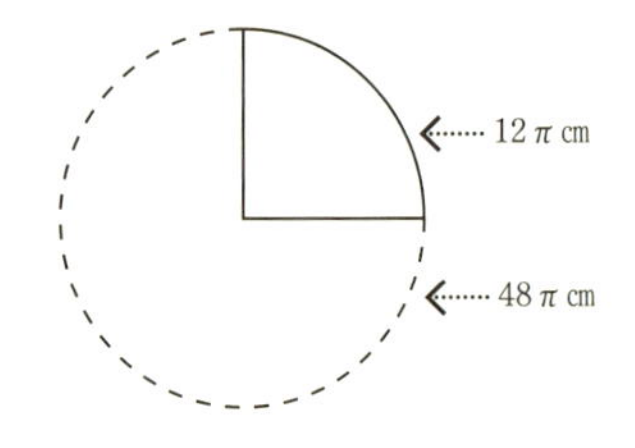

よって，もとの位置からひとまわりして戻ってくるとき，円すい台は 48 π cm ÷ 12 π cm = **4回転**したことになります。

●考え方②

ひとまわりして戻ってくるまでに，円すいの側面が動いた角度は360度になります。

次に，円すいが1回転したときに動いた角度を求めます。

円すいの展開図で，側面のおうぎ形の中心角がその角度です。

「中心角/360度＝半径/母線」という公式を活用して考えます。

中心角/360度＝ 6cm/24cm＝ 1/4なので，
中心角は，360度÷ 4 ＝ 90度となります。

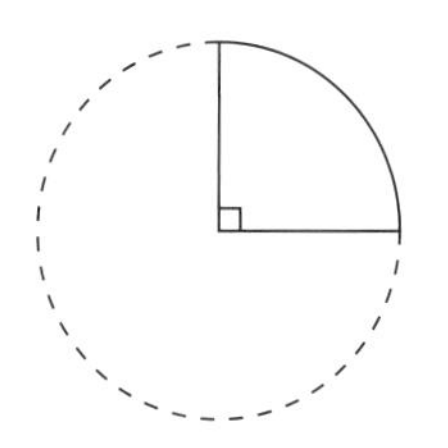

よって，もとの位置からひとまわりして戻ってくるとき，円すい台は360度：90度＝**4回転**したことになります。

●考え方③

ひとまわりして戻ってくるまでに，円すいの側面が動いた面積は，24㎝ × 24㎝ × π = 576 π ㎠となります。

次に，円すいが1回転したときに動いた面積（円すいの側面積）を求めます。

「おうぎ形の面積＝弧×半径÷2」という公式を活用して考えます。

円すいの側面積は，

6㎝ × 2 × π × 24㎝ ÷ 2 = 144 π ㎠となります。

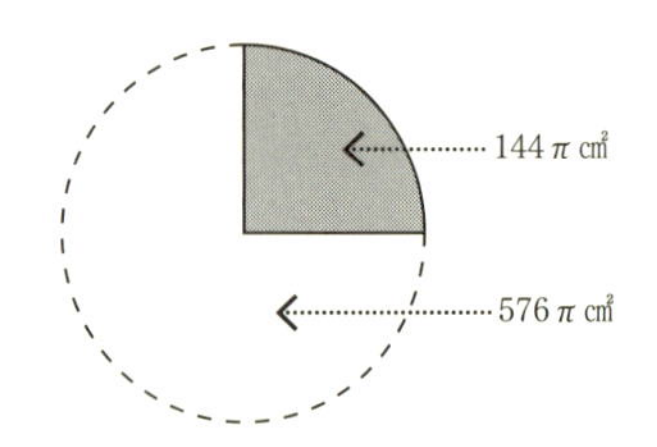

よって，もとの位置からひとまわりして戻ってくるとき，円すい台は576 π ㎠ ÷ 144 π ㎠ = **4回転**したことになります。

column　マクロからミクロを見る

図形３や図形８の問題からは相似の関係が，図形４からは外角が見えるかどうかが問題解決のポイントになってきます。

いろいろな情報の中から，大切な情報を見出す。つまり，マクロからミクロを見る力が問われます。

ミクロを見る力を養うためには，この条件ならおそらくこうなるだろう…という，それまでの経験から検索する力が必要となります。たくさん経験を積んで，スムーズに検索できる力を磨きましょう。

次のページは，マクロからミクロを見る問題です。考えてみてください。

●
●
●

下の図のように，直角三角形 ABC と直角三角形 DCB の斜辺の交点を E として，点 E より BC に垂直な線をひきます。このとき，BF の長さを求めなさい。

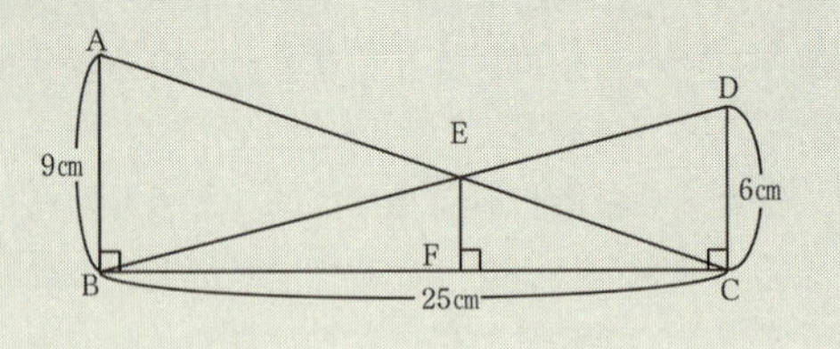

2 種類の相似の関係が見えるかがポイントです。
答えは 15cm です。

図形10　立体図形の切断
切った立体の体積は？

考え方▶3通り　　制限時間▶20分　　難易度▶★★★

下の図のような1辺8㎝の立方体を，3点P・Q・Rを通る平面で切りました。できた2つの立体のうち，点Cを含む方の立体の体積は何㎤ですか。

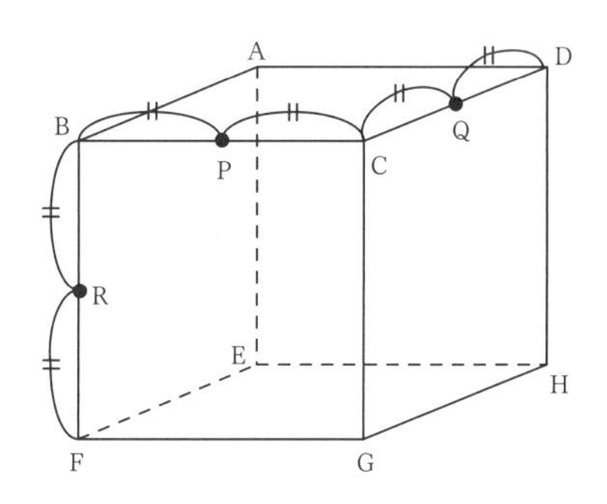

考えるヒント	
	①全体からひく 大きな立体の体積から，小さな立体の体積をひきましょう。
	②相似 大きな立体の体積と，小さな立体の体積の相似比を考えましょう。
	③対称 切って分けられた2つの立体の関係を考えましょう。

●**考え方①**

3点P・Q・Rを通る平面で切ると，下の図のようになります。

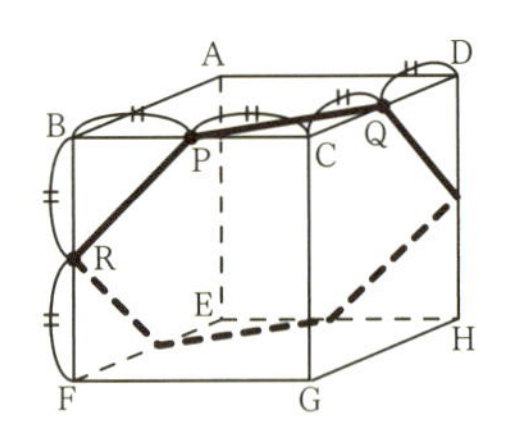

下の図のように，面を延長して考えます。

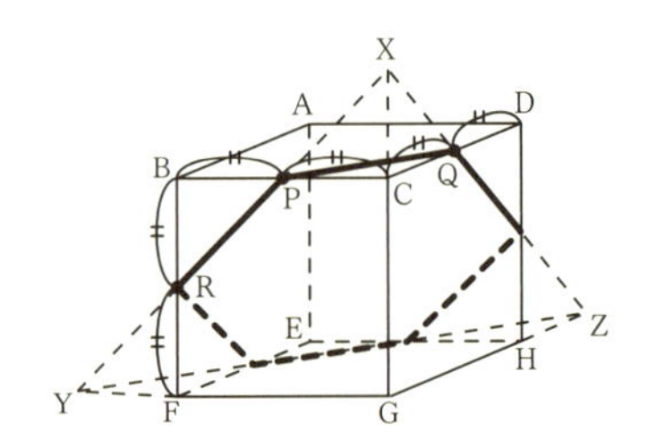

三角形PRBと三角形PXCは，合同の関係にあります。

よって，

XC＝8㎝÷2＝4㎝，XG＝4㎝＋8㎝＝12㎝とわかります。

同様に，YF＝ZH＝4㎝，YG＝ZG＝12㎝となります。

三角すいX-YGZの体積は，12㎝× 12㎝÷ 2 × 12㎝× 1/3 ＝ 288㎤です。

立方体からはみ出した上・左・右の3つの三角すいの体積の合計は，
4㎝× 4㎝÷ 2 × 4㎝× 1/3 × 3 ＝ 32㎤です。

よって，点Cを含む方の立体の体積は，
288㎤－ 32㎤＝ **256㎤**となります。

●考え方②

考え方①と同様に，次の図のように，面を延長して考えます。

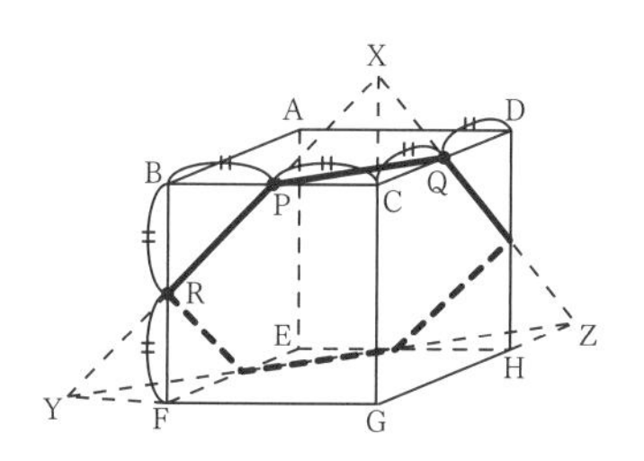

三角すいX-YGZと立方体からはみ出した三角すいの相似比は，12㎝：4㎝＝ 3：1です。

よって，体積比は3 × 3 × 3：1 × 1 × 1 ＝ 27：1となります。

このとき，点Cを含む方の立体の体積は，
27 － 1 × 3 ＝ 24に当たります。

1は，4㎝× 4㎝÷ 2 × 4㎝× 1/3 ＝ 32/3㎤に当た

るので，点Ｃを含む方の立体の体積は，

$32/3$cm³ × 24 = **256cm³**となります。

●考え方③

３点Ｐ・Ｑ・Ｒを通る平面で切ると，次の図のようになります。

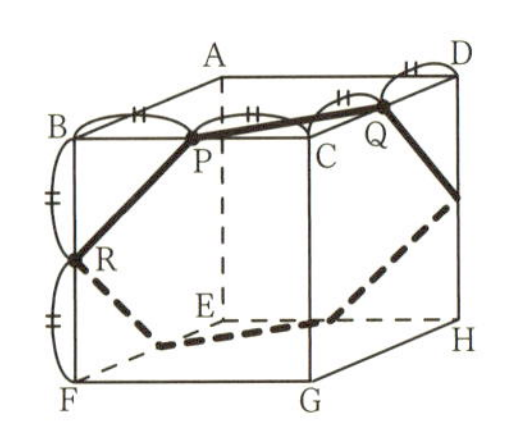

切って分けられた２つの立体は，左右対称の関係にあります。

２つの立体の体積は等しいので，点Ｃを含む方の立体の体積は，８×８×８÷２＝**256cm³**となります。

column　発想の転換

図形 10 の問題の考え方①・考え方②は，切り口を延長し，大きな三角すいを作って考えるものですが，計算処理がなかなか大変です。発想を転換させたのが考え方③。対称の性質に気づけるかがポイントです。

目の前のことだけを見ていると，視野は狭くなりますが，少し遠めから眺めると，思いもよらぬ発想が生まれることがあります。

以下の問題を考えてみてください。

白い球 2 個と黒い球 4 個を横一列に並べます。並べ方は全部で何通りありますか。

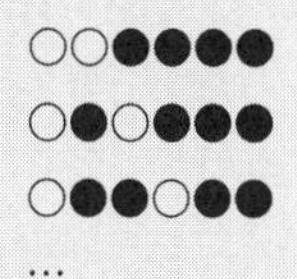

順序よく考えていくこともできますが，時間がかかります。そこで，発想を転換させます。

□□□□□□の６つの場所の中から，白い球が入る場所を２つ選べば，後は自動的に黒い球が入ります。つまり，６つから２つ選ぶ場合の数を考えればよいわけです。

６×５÷２＝**15通り**

発想を転換するとあっさり解決するケースは，案外多いものです。

PART 2

数編

「答え」が正解なのはたしかに大切ですが、それ以上に大切なのは「考え方」です。どのようにして考えたから「答え」にたどり着いたのか、その考え方に別のルートはないのか、自覚することで創造的思考力が鍛えられます。

数1　式の多様化①
碁石の数は？

考え方▶5通り　　制限時間▶15分　　難易度▶★☆☆

下の図の碁石の数を求めなさい。

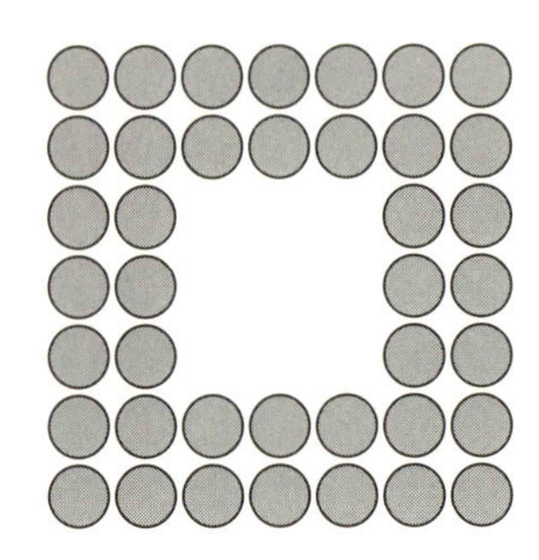

考えるヒント	①全体からひく 全体の個数から，空いている場所の個数をひきましょう。 ②分割する 4通りの分け方を考えてみましょう。

●考え方①

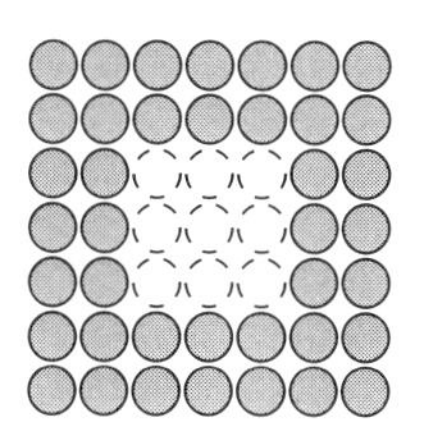

上の図のように，空いている中にも碁石を付け足して考えます。

全体の碁石の数は，7 個× 7 列＝ 49 個です。

付け足した碁石の数は，3 個× 3 列＝ 9 個です。

よって，碁石の数は，49 個－ 9 個＝ **40 個**となります。

●考え方②

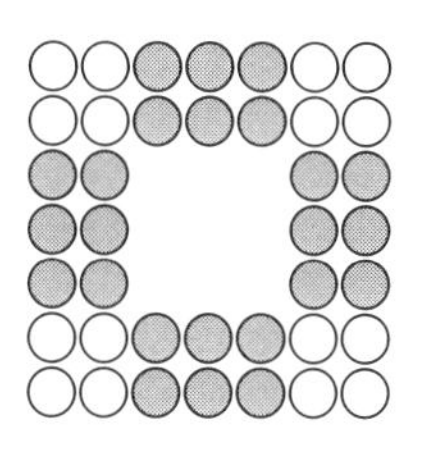

上の図のように，分割して考えます。

白色の碁石の数は，2 個× 2 列× 4 グループ＝16 個です。

黒色の碁石の数は，2 個 × 3 列 × 4 グループ = 24 個です。

よって，碁石の数は，16 個 + 24 個 = **40 個**となります。

●考え方③

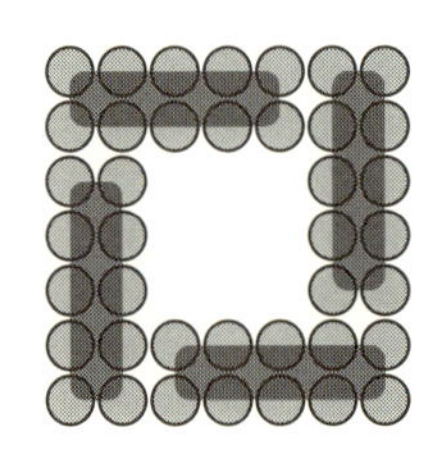

上の図のように，分割して考えます。

碁石の数は，2 個 × 5 列 × 4 グループ = **40 個**となります。

●考え方④

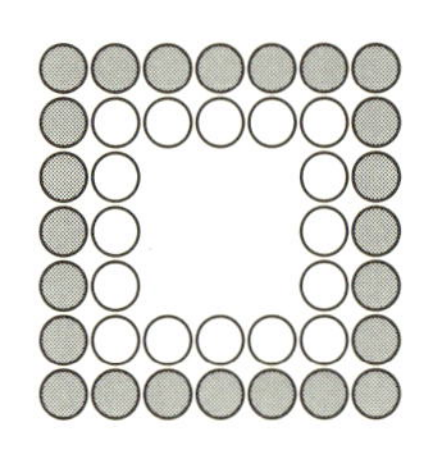

上の図のように，分割して考えます。

内側の碁石の数（白色）は，
（5 個－ 1 個）× 4 グループ＝ 16 個です。
または，5 個× 4 グループ－ 4 個＝ 16 個です。
外側の碁石（黒色）の数は，
（7 個－ 1 個）× 4 グループ＝ 24 個です。
または，7 個× 4 グループ－ 4 個＝ 24 個です。
よって，碁石の数は，16 個＋ 24 個＝ **40 個**となります。

●考え方5

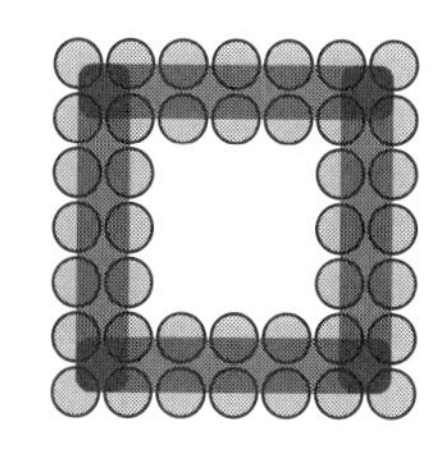

上の図のように，分割して考えます。
碁石の数は，7 個× 2 列× 4 グループ＝ 56 個です。
重なっている碁石の数は，
2 個× 2 列× 4 グループ＝ 16 個です。
よって，碁石の数は，56 個－ 16 個＝ **40 個**となります。

数2

規則性①
？に入る数を考えよう！

考え方▶2通り　制限時間▶10分　難易度▶★☆☆

下の表の？に当てはまる数を求めなさい。

x	10	20	30	40	…	100
y	130	200	270	340		?

考えるヒント

①横の関係
　xの値の変化に伴って，yの値がどのように変わるのかを考えましょう。

②縦の関係
　xの値とyの値との間にある関係性を考えましょう。

●考え方①

xの値の変化に伴って，yの値がどのように変わるのかを考えます。

xが10増えるごとに，yは70ずつ増えることがわかります。

x	10	20	30	40	…	100
y	130	200	270	340		?

（xの行：+10，+10，+10　yの行：+70，+70，+70）

10から100までに，xは100 − 10 = 90増えています。

つまり，10が90 ÷ 10 = 9回増えることになります。

yも70が9回増えるので，70 × 9 = 630増えることになります。

初めの130から630増えるので，
?は130 + 630 = **760**となります。

【備考】

列が10列あるので，yは70 × 10 = 700増えると考えがちです。

列が10列あるということは，
間の数は10 − 1 = 9あることになります。

これは、いわゆる「植木算」の考え方です。

両端に木が植えてある場合
（間の数）＝（木の数）－1

が成り立つわけです。

●考え方②

x の値と y の値との間にある関係性を考えましょう。

$10 \times 7 + 60 = 130$

$20 \times 7 + 60 = 200$

$30 \times 7 + 60 = 270$

$40 \times 7 + 60 = 340$

つまり，$y = x \times 7 + 60$ という関係性があります。

x	10	20	30	40	…	100
y	130	200	270	340		?

よって，$y = 100 \times 7 + 60 =$ **760** となります。

【備考】

考え方①は，x の値の変化に伴って，y の値がどのように変わるのかというわゆる「横の関係」に着目したものです。

考え方②は，x の値と y の値との間にある関係性というわゆる「縦の関係」に着目したものです。

関数は，「横の関係」でも「縦の関係」でも，規則性があります。

例えば，比例の関係は，

横の関係：x の値が 2 倍・3 倍…になると，y の値も 2 倍・3 倍…になる。

縦の関係：y の値÷ x の値の商が一定である。

反比例の関係は，

横の関係：x の値が 2 倍・3 倍…になると，y の値は 1/2 倍・1/3 倍…になる。

縦の関係：x の値× y の値の積が一定である。

column 美を追求する

算数・数学という学問には，「美」がたくさん詰まっています。以下は，私が小学1年生の授業で取り扱った問題です。

次の□に入る数を考えましょう。

□+□+□= 10

例えば，3 + 5 + 2，5 + 4 + 1など，いろいろな数式を思いつきますが，これらを美しく並べてみると…

1 + 1 + 8

1 + 2 + 7

1 + 3 + 6

1 + 4 + 5

2 + 2 + 6

2 + 3 + 5

2 + 4 + 4

3 + 3 + 4

1年生でこのような授業をすると，数の並びの美しさに，子どもたちは目を輝かせます。

いろいろな情報の中に，何か美が隠されているかもしれない。そういう目で物事を見ていると，意外な発見と出合うことでしょう。

数3　式の多様化②
棒の数は？

考え方▶4通り　制限時間▶20分　難易度▶★★☆

下の図の棒の数を求めなさい。

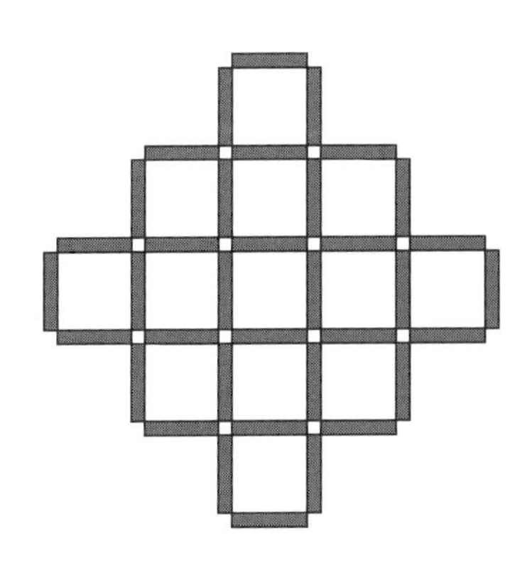

考えるヒント

①方向
1つの方向から棒の本数を数えてみましょう。

②分割する
大きな正方形とそれ以外の部分とに分けて考えましょう。

③ミクロ
最も小さな正方形に注目して，2通りの数え方を考えましょう。

● **考え方①**

上の図のように，上から棒（白色）の数を数えると，

1本＋3本＋5本＝9本になります。

下・右・左から見ても同様なので，

棒の数は，9本×4方向＝**36本**となります。

● **考え方②**

上の図のように，正方形（白色）とそれ以外の部分に分割して考えます。

正方形の棒の本数は，3本×4辺＝12本です。

それ以外の棒の本数は，5本×4辺＋1本×4辺

＝24本です。

よって，棒の数は，12本＋24本＝**36本**となります。

●考え方③

上の図のように，45度傾けて考えます。

この図は，小さな正方形9個からできていることがわかります。

よって，棒の数は，4本×9個＝**36本**とわかります。

●考え方④

前ページ下の図のように，45 度傾けて考えます。

この図を，小さな正方形 13 個からできていると考えます。

よって，棒の数は，4 本× 13 個＝ 52 本となります。

ところが，黒色の正方形 4 個の 4 辺は，すべて重複して数えられています。

重複している棒の数は，4 本× 4 個＝ 16 本です。

よって，正しい棒の数は，52 本－ 16 本＝ **36 本**です。

column 逆思考①

「思考過程→結論」の流れを順思考といい，「結論→思考過程」の流れを逆思考といいます。

数 3 の問題の解説は，順思考です。これを逆思考にすると，下のような問題に変わります。

- (1 + 3 + 5) × 4 = 36
- 3 × 4 + (5 × 4 + 1 × 4) = 36
- 4 × 9 = 36
- 4 × 13 − 4 × 4 = 36

それぞれの式の意味を考えなさい。

「順思考」の場合は，1 つの結論に向かって思考が収束するのに対し，「逆思考」の場合は，結論から思考が拡散していきます。思考を拡散させることで，思考力がぐんぐん身についてきます。

以下は，逆思考の問題です。考えてみてください。

右の図の棒の数を求めると，下のような式で表すことができます。

それぞれの式の意味を考えなさい。

- $4 \times 4 = 16$
- $8 \times 2 = 16$
- $3 \times 4 + 4 = 16$
- $4 \times 5 - 4 = 16$

数4 数の性質
立方体の数は？

考え方▶2通り　　制限時間▶10分　　難易度▶★★☆

たてが60㎝，横が48㎝，高さが30㎝の直方体から，できるだけ大きな同じ大きさの立方体を，直方体が余らないように切り取ったとき，何個の立方体を切り取ることができますか。

考えるヒント	
	①たて×横×高さ たて・横・高さのそれぞれについて，いくつずつに分けることができるかを考えましょう。
	②体積 できるだけ大きな立方体の１つの体積を求めましょう。

●考え方①

直方体のたて60㎝を同じ大きさに切り取るということは，立方体の1辺の長さは60の約数ということがわかります。

60の約数→1・2・3・4・5・6・10・12・15・20・30・60

直方体の横48㎝を同じ大きさに切り取るということは，立方体の1辺の長さは48の約数ということがわかります。

48の約数→1・2・3・4・6・8・12・16・24・48

直方体の高さ30㎝を同じ大きさに切り取るということは，立方体の1辺の長さは30の約数ということがわかります。

30の約数→1・2・3・5・6・10・15・30

切り取られる形が立方体になるということは，たて・横・高さの長さがすべて等しいということになります。

つまり，立方体の1辺の長さは，たて・横・高さの長さの公約数であることがわかります。

60と48と30の公約数→1・2・3・6

また，問題文に「できるだけ大きな」という条件があるので，立方体の１辺の長さは，たて・横・高さの長さの最大公約数であることがわかります。

60と48と30の最大公約数→6

よって，できるだけ大きな同じ大きさの立方体の1辺の長さは，6㎝であることがわかります。

直方体のたて60㎝を6㎝ずつ切り取ると，
立方体の数は，60㎝÷6㎝＝10個分になります。

直方体の横48㎝を6㎝ずつ切り取ると，
立方体の数は，48㎝÷6㎝＝8個分になります。

直方体の高さ30㎝を6㎝ずつ切り取ると，
立方体の数は，30㎝÷6㎝＝5個分になります。

よって，切り取られる立方体の数は，
10個×8個×5個＝**400個**となります。

●考え方②

考え方①から，できるだけ大きな同じ大きさの立方体の1辺の長さは，6㎝であることがわかります。

もともとの直方体の体積は，
60㎝× 48㎝× 30㎝＝ 86400㎤です。

また，切り取られる立方体１個の体積は，
6㎝× 6㎝× 6㎝＝ 216㎤です。

よって，切り取られる立方体の数は，
86400㎤÷ 216㎤＝ **400 個**となります。

column　論理的思考力②～構成力～

論理的思考力の１つに，「構成力」があります。

構成力とは，情報を順序どおりに正しく組み立てる力のことをいいます。

構成と聞くと，文章を書くことをイメージするのが一般的かもしれませんが，算数という学問においても，思考過程をていねいに組み立てることで，その力がつくようになります。

数４の問題なら，まず初めに立方体の１辺の長さを求め，その後，立方体の個数を求めるという構成になっています。

つまり，

１段落…立方体の１辺の長さを求める

２段落…立方体の個数を求める

の２段落からできています。

●
●
●

以下は，構成力が必要となる問題です。考えてみてください。

A・B2つの船で長さ120kmの川を上り下りするのに，Aは上りに12時間，下りに8時間かかりました。Bの上りに8時間かかったとき，下りに何時間かかりましたか。

Aの上りの速さ
→Aの下りの速さ
→流速
→Bの上りの速さ
→Bの下りの速さ

というように，1つ1つの条件を順序よく求め，ていねいにストーリーを組み立てなければ解けません。

答えは**6時間**です。

数5　比
A・B・Cの関係は？

考え方▶3通り　　制限時間▶10分　　難易度▶★★☆

次の関係から，AとBとCの比を簡単な比で表しなさい。

Aの5倍とBの6倍とCの7倍が等しい。

考えるヒント	
	①2つに注目 A・B・Cの3つを一度に考えるのではなく，2つずつの関係を考えましょう。
	②そろえる（1） Aの5倍とBの6倍とCの7倍を，最小公倍数でそろえましょう。
	③そろえる（2） Aの5倍とBの6倍とCの7倍を，1でそろえましょう。

●考え方①

A × 5 ＝ B × 6 ＝ C × 7 が成り立ちます。

A × 5 ＝ B × 6 なので，
A：B ＝ 6：5 とわかります。

同様に，B × 6 ＝ C × 7 なので，
B：C ＝ 7：6 とわかります。

A・B・C の関係を整理すると，

A	B	C
6	5	
	7	6

B の数をそろえて考えます。
今回は，最小公倍数でそろえます。
5 と 7 の最小公倍数は 35 です。

A	B	C
6	5 → 35	
	7 → 35	6

B の数を変えることに伴い，A・C も変える必要

があります。

Aの数

Bの数は，35 ÷ 5 = 7倍になりました。

よって，Aの数は6 × 7 = 42になります。

Cの数

Bの数は，35 ÷ 7 = 5倍になりました。

よって，Cの数は6 × 5 = 30になります。

改めて表をまとめ直すと，以下のようになります。

A	B	C
42	35	
	35	30

よって，A：B：C = **42：35：30**となります。

●考え方②

A × 5 = B × 6 = C × 7が成り立ちます。

A × 5は5の倍数，B × 6は6の倍数，C × 7は7の倍数なので，

A × 5 = B × 6 = C × 7 = 5と6と7の公倍数ということがわかります。

今回は，5と6と7の最小公倍数210でそろえます。

$A \times 5 = 210$ なので，$A = 210 \div 5 = 42$ となります。

$B \times 6 = 210$ なので，$B = 210 \div 6 = 35$ となります。

$C \times 7 = 210$ なので，$C = 210 \div 7 = 30$ となります。

よって，A：B：C = **42：35：30** となります。

●考え方③

$A \times 5 = B \times 6 = C \times 7$ が成り立ちます。

仮に，$A \times 5 = B \times 6 = C \times 7 = 1$ と考えます。

$A \times 5 = 1$ なので，$A = 1 \div 5 = 1/5$ となります。

$B \times 6 = 1$ なので，$B = 1 \div 6 = 1/6$ となります。

$C \times 7 = 1$ なので，$C = 1 \div 7 = 1/7$ となります。

1/5：1/6：1/7 を簡単な比に直します。

通分すると，

1/5：1/6：1/7 ＝ 42/210：35/210：30/210 ＝ 42：35：30

よって，A：B：C = **42：35：30** となります。

column 論理的思考力③～分析力～

本書では,「創造的思考力」を多面的に考える広い思考のことと定義しているわけですが，いくつか出された考え方に対して，分析して吟味することが必要になってくる場合があります。

例えば，数5の問題であれば考え方が3種類出されたわけですが，その中で，今後の類題で最も活用しやすい考え方はどれかを考えてみることにします。

●考え方1
最小公倍数でそろえ，そのあと他の数も変えなければいけないという手間がかかります。
●考え方3
数によっては，通分することに手間がかかることがあります。

●
●
●

では，考え方②はどうでしょう。

A × 5 = B × 6 = C × 7 = ?

この？は，5 × 6 × 7 で求めることができます。Aを求めるためには，それを5でわればよいのですから，結局6 × 7 = 42で求めることができます。

同様に，Bは5 × 7 = 35，Cは5 × 6 = 30で求めることができます。

つまり，自分以外のかける2数をかければよいことになります。これなら，類題でも対応しやすいといえるでしょう。

このように，分析することで新たな発見につながるのは，算数の世界にとどまることではありません。

数6　場合の数
ルートは何通り？

考え方▶3通り　　制限時間▶15分　　難易度▶★★☆

下の図のように，たて・横に作られた道路があります。

A地点からB地点まで遠回りせずに行く道すじを考えます。途中でア地点もイ地点も必ず通る行き方は何通りありますか。

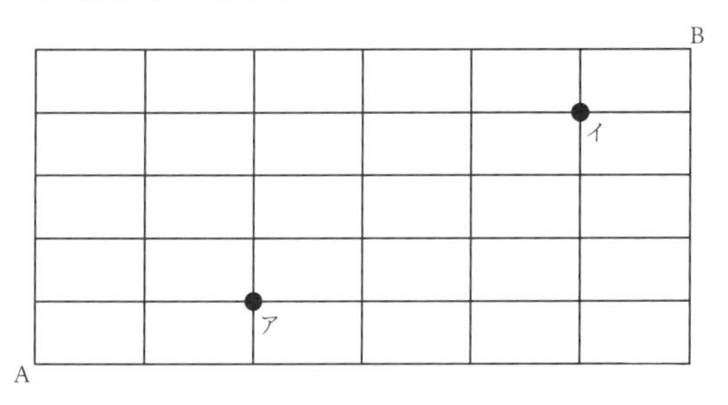

考えるヒント

①書き出し
A地点からそれぞれの地点までの行き方は何通りあるかを考えましょう。

②積の法則
A地点からア地点までのいろいろな行き方それぞれについて，ア地点からイ地点までのそれぞれの行き方が考えられます。

③組み合わせ
A地点からア地点まで進むために，上に1回・右に2回進むことになります。

●考え方①

遠回りしないという条件から，A 地点から B 地点まで行く道すじは，下の図の太線のところのみとなります。

B
イ
☆
1
2
3
ア
A
1
1

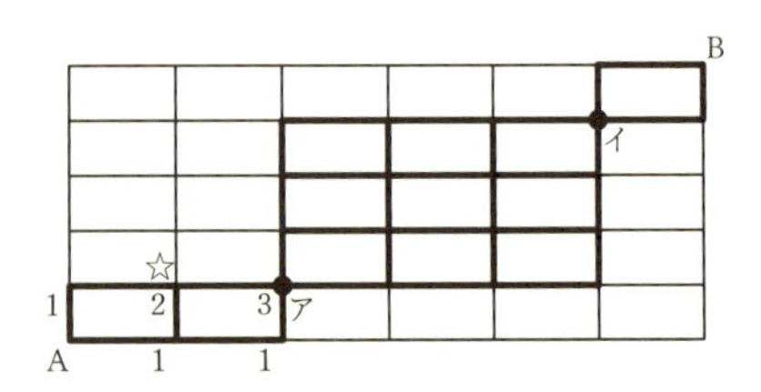

例えば，図の A 地点から☆地点までの行き方は，左から 1 通り，下から 1 通り考えられるので，1 通り＋ 1 通り＝ 2 通りとなります。

同様にして，A 地点からア地点までの行き方は，2 通り＋ 1 通り＝ 3 通りとなります。

以下も同様にして，書き出していきます。

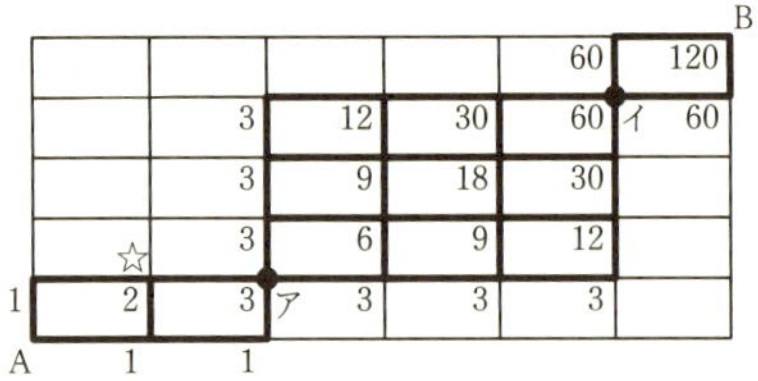

B
60
120
3
12
30
60
イ
60
3
9
18
30
3
6
9
12
☆
1
2
3
ア
3
3
3
A
1
1

A 地点からイ地点までの行き方は，

30 通り＋ 30 通り＝ 60 通り，

B 地点までの行き方は，
60 通り＋ 60 通り＝ **120 通り**となります。

●考え方②

下の図のように，
A 地点～ア地点…3 通り
ア地点～イ地点…20 通り
イ地点～ B 地点…2 通り　　となります。

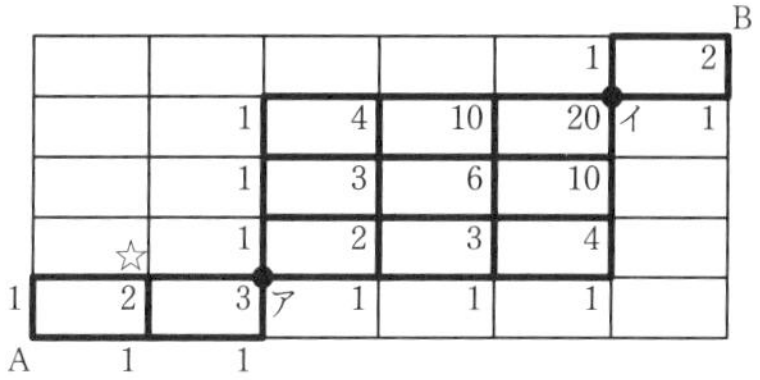

B
1 2
1 4 10 20 イ 1
1 3 6 10
☆ 1 2 3 4
1 2 3 ア 1 1 1
A 1 1

A 地点からア地点までの 3 通りの行き方それぞれについて，ア地点からイ地点までの 20 通りの行き方が考えられます。
よって，A 地点からイ地点までの行き方は，
3 通り× 20 通り＝ 60 通りとなります。

また，A 地点からイ地点までの 60 通りの行き方それぞれについて，イ地点から B 地点までの 2 通りの行き方が考えられます。
よって，A 地点から B 地点までの行き方は，

60通り×2通り＝**120通り**となります。

●考え方③

A地点からア地点まで進むために，上に1回・右に2回進みます。

記号にすると，↑・→・→。

この3つの記号を並び替えると，

↑・→・→

→・↑・→

→・→・↑　　　の3通りの方法が考えられます。

同様に，ア地点からイ地点まで進むために，上に3回・右に3回進みます。

記号にすると，↑・↑・↑・→・→・→。

この6つの記号を並び替えると，20通りの方法が考えられます。

（計算すると,6×5×4÷（3×2×1）＝20通り）

イ地点からB地点まで進むために，上に1回・右に1回進みます。

記号にすると，↑・→。

この2つの記号を並び替えると，2通りの方法が考えられます。あとは，考え方②と同様です。

3通り×20通り×2通り＝**120通り**

数7　分数
□にあてはまる数は？

考え方▶2通り　　制限時間▶15分　　難易度▶★★★

$\dfrac{8}{5}$と$\dfrac{12}{7}$の間にある分数の1つに，$\dfrac{17}{\square}$があります。□にあてはまる数を求めなさい。

考えるヒント	
	①そろえる（1） 分子を最小公倍数でそろえましょう。
	②そろえる（2） 分子を17にそろえましょう。
	③変換する 分数を小数に変換しましょう。

●**考え方①**

$\frac{8}{5}<\frac{17}{\square}<\frac{12}{7}$の関係にあるときの□にあてはまる数を考えます。

分子の数がばらばらなので考えられません。

そこで，分子を最小公倍数でそろえます。

8と17と12の最小公倍数は408です。

よって，分子を408にそろえます。

$\frac{8}{5}=\frac{408}{255}$

$\frac{17}{\square}=\frac{408}{\square\times24}$

$\frac{12}{7}=\frac{408}{238}$

$\rightarrow\frac{408}{255}<\frac{408}{\square\times24}<\frac{408}{238}$

以上のことから，$238<\square\times24<255$とわかります。

$\square\times24=238$のとき，

$\square=238\div24=9.9\cdots$

$\square\times24=255$のとき，

$\square=255\div24=10.625$

$9.9\cdots < \square < 10.625$ から，$\square =$ **10** とわかります。

●考え方②

$\frac{8}{5} < \frac{17}{\square} < \frac{12}{7}$ の関係にあるときの□にあてはまる数を考えます。

分子の数がばらばらなので考えられません。

そこで，分子を 17 にそろえます。

$$\frac{8}{5} = \frac{17}{\frac{85}{8}}$$

$$\frac{12}{7} = \frac{17}{\frac{119}{12}}$$

$$\rightarrow \frac{17}{\frac{85}{8}} < \frac{17}{\square} < \frac{17}{\frac{119}{12}}$$

以上のことから，$\frac{119}{12} < \square < \frac{85}{8}$ とわかります。

$\square = \frac{119}{12}$ のとき，

$\square = 119 \div 12 = 9.9\cdots$

$\square = \frac{85}{8}$ のとき，

$\square = 85 \div 8 = 10.625$

9.9…＜□＜ 10.625 から，□＝ **10** とわかります。

●**考え方③**

$\frac{8}{5} < \frac{17}{□} < \frac{12}{7}$の関係にあるときの□にあてはまる数を考えます。

分数を小数に変換します。

$\frac{8}{5} = 8 \div 5 = 1.6$

$\frac{12}{7} = 12 \div 7 = 1.7\cdots$

以上のことから，1.6 ＜ 17 ÷□＜ 1.7…とわかります。

□に入る数を，1 から順に当てはめていきます。

範囲に収まるのは，17 ÷ 10 ＝ 1.7 のときのみなので，□＝ **10** とわかります。

column 逆思考②

数3で，「逆思考」についてご紹介しました。

次の図形の問題で，逆思考について考えてみてください。

下の図について，網かけ部分の面積を求めなさい。

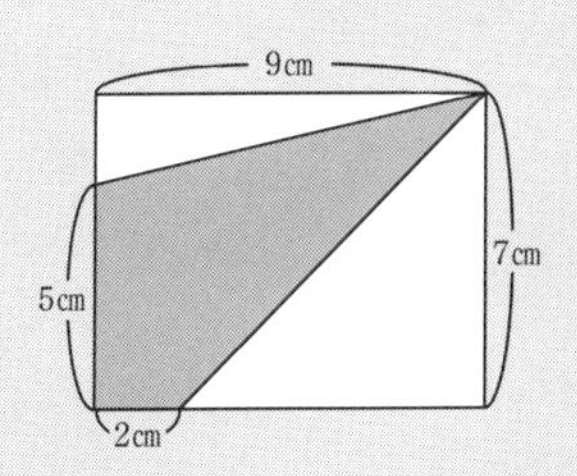

●考え方①

7 × 9 −（9 × 2 ÷ 2 + 7 × 7 ÷ 2）= 29.5

●考え方②

5 × 9 ÷ 2 + 2 × 7 ÷ 2 = 29.5

それぞれの数は，どのような意味をもつのでしょうか。

考え方①のひき算，考え方②のたし算は，どのような役割を果たすのでしょうか。

ヒントとして，考え方①は「全体からひく」，考え方②は「分ける」発想を活用します。

数8　数の性質・規則性
十の位の数の和は？

考え方▶2通り　　制限時間▶20分　　難易度▶★★★

2015以下のすべての8の倍数について，十の位の数の和を求めなさい。

考えるヒント	
	①周期 十の位の周期について考えましょう。
	②余事象 百の位・一の位の和を求めましょう。

●**考え方①**

8の倍数は8個ごとに表れ，十の位の数は100個ごとに繰り返されているので，8と100の最小公倍数200を1周期として考えます。

1から200までの8の倍数の個数は，
200 ÷ 8 = 25個です。

8から200までの25個の数の十の位を書き出してみると，
1けた・2けた…0・1・2・3・4・4・5・6・7・8・8・9
3けた…0・1・2・2・3・4・5・6・6・7・8・9・0
となります。

1周期の和を求めると，
(1 + 2 + … + 8 + 9) × 2 + (4 + 8 + 2 + 6)
= 110となります。

2015までには，
2015 ÷ 200 = 10周期…15あります。

2000までの十の位の数の和は，
110 × 10周期 = 1100となります。

あまりの15のうち，8の倍数は1個で，十の位は0です。

よって，2015までの十の位の数の和は，

1100 ＋ 0 ＝ **1100** となります。

● **考え方②**

1 から 200 までの 8 の倍数の和は，

8 ＋ 16 ＋…＋ 192 ＋ 200 ＝（8 ＋ 200）× 25 ÷ 2

＝ 2600 です。

1 から 200 までの 8 の倍数について，百の位の和を考えます。

? □□

2 けたまでの 8 の倍数の個数は，

100 ÷ 8 ＝ 12 個…4 個なので，12 です。

1 から 199 までの 8 の倍数の個数は，

199 ÷ 8 ＝ 24 個…7 なので，24 個です。

よって，100 から 199 までの 8 の倍数の個数は，

24 個− 12 個＝ 12 個です。

1 から 199 までの 8 の倍数について，百の位の和は 100 × 12 個＝ 1200 です。

それに 200 を加えて，1200 ＋ 200 ＝ 1400 となります。

次に，1 から 200 までの 8 の倍数について，一の位の和を考えます。

□□ ?

8の倍数の一の位は，8・6・4・2・0で1つの周期になっています。

1から200までの8の倍数の個数は25個なので，25個÷5個＝5周期できます。

よって，1から200までの8の倍数について，一の位の和は，

(8＋6＋4＋2＋0)×5周期＝100となります。

整理すると，

1から200までの8の倍数の和…2600

1から200までの8の倍数の百の位の和…1400

1から200までの8の倍数の一の位の和…100

よって，1から200までの8の倍数の十の位の和は，2600－(1400＋100)＝1100です。

求めたいのは，十の位の「数」の和なので，1100÷10＝110となります。

あとは，考え方①と同様です。

十の位の数の和は110×10周期＋0＝**1100**となります。

column 歴史に学ぶ

新たな創造は，どのようにして生まれるのでしょうか。0から新たなものを創造する。それは，大変難しいことです。

例えば，円の面積の公式が生まれた背景を考えてみましょう。

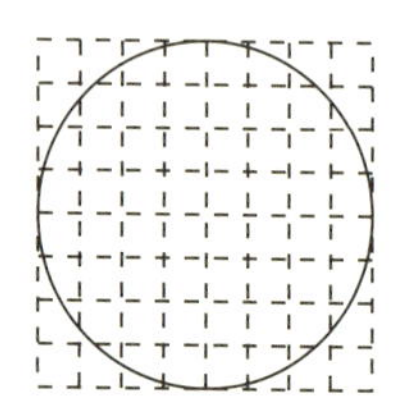

半径4cmの円の面積について考えます。まず，円の上に方眼を敷きます。次にこの円の面積の範囲を考えます。

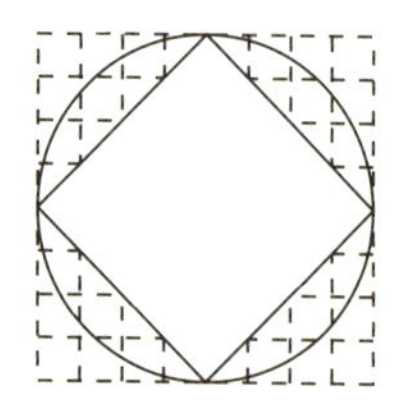

上の図のように正方形を作ると，円の面積は8cm×8cm÷2＝32cm²より大きいことがわかります。

また，円は外側の正方形の中に収まっているので，8cm×8cm＝64cm²より小さいことがわかります。

まだ範囲が広いので，もう少し正確に算出することを考えます。

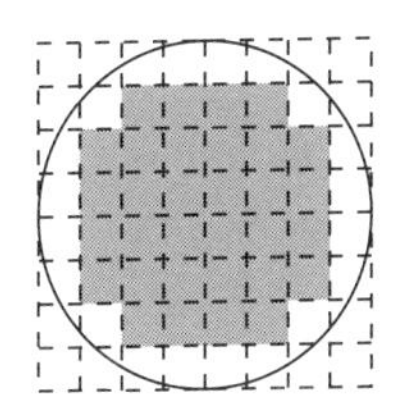

上の図のように，円の中には1㎠の正方形が 32 個含まれています。

それ以外の，一部分が円に含まれる正方形 28 個の形は面積が求められないので，平均をとって 1 個 0.5㎠と考えます。

0.5㎠× 28 個＝ 14㎠となり，
合わせて 32㎠＋ 14㎠＝ 46㎠となります。

まだ歴史は続きます…。円の面積 1 つをとっても，初めから公式が生まれたのではなく，これまでに創り出された正方形の面積や平均の考え方を組み合わせているわけです。

新たな創造というのは，これまでの創造の組み合わせから生まれるといえそうです。

数9　規則性②
整数Nの正体は？

考え方▶3通り　　制限時間▶20分　　難易度▶★★★

1からある整数Nまでを考えたとき，すべての偶数の和は5700，すべての奇数の和は5776です。ある整数Nを求めなさい。

考えるヒント	
	①差 奇数と偶数の差に注目しましょう。
	②数列（1） 奇数の数列（奇数列）の和に注目しましょう。
	③数列（2） 等差数列の和に注目しましょう。

●考え方①

まず，N が奇数か偶数かを考えます。

N が偶数のとき，奇数の和よりも偶数の和の方が大きくなります。

N が奇数のとき，偶数の和よりも奇数の和の方が大きくなります。

問題文から，偶数の和が 5700，奇数の和が 5776 なので，N は奇数であることがわかります。

奇数の和 $= 1 + 3 + 5 + \cdots + N = 5776$

偶数の和 $= 2 + 4 + \cdots + (N - 1) = 5700$

上の段と下の段の差を考えます。

$1 + 1 + 1 + \cdots + 1 = 76$

よって，奇数は $76 \div 1 = 76$ 個並ぶことがわかります。

初項は 1，公差は 2，N は奇数の 99 番目の数なので，

$1 + 2 \times (76 - 1) =$ **151** となります。

●考え方②

1 から順に奇数を加えると，

$1 = 1 \times 1$

$1 + 3 = 4 = 2 \times 2$

1 + 3 + 5 = 9 = 3 × 3…

となることから，奇数の和は平方数になることを利用します。

奇数の和が平方数になるので，5776 も平方数になります。

5776 = 76 × 76

よって，5776 は 1 番目から 76 番目までの奇数の和であり，N は 76 番目の奇数であることがわかります。

76 番目の奇数 N は，

1 + 2 ×（76 − 1）= **151** となります。

●**考え方③**

等差数列の和の公式

（初項＋末項）×項数÷ 2

を活用します。

1 から N までの整数の和は，

（1 + N）× N ÷ 2 と表すことができ，

これが 5700 + 5776 = 11476 にあたります。

よって，（1 + N）× N ÷ 2 = 11476

この式を変形すると，（1 + N）× N = 22952 となります。

22952を素因数分解すると,

$22952 = 2 \times 2 \times 2 \times 19 \times 151$

1 + NとNの差は1なので,

$2 \times 2 \times 2 \times 19 \times 151 = 151 \times 152$と考えることができます。

以上から，N = **151** とわかります。

column 速さか？ 正確さか？

例えば「計算力」は，

・処理速度
・処理の正確さ

この両輪から成り立っているように思われますが，この２つには優先順位があります。

①処理の正確さ
②処理速度

②を優先させた場合，速度ばかりに気をとられて，不正確になります。それでは意味がありません。

まずは正確に。それを意識して反復するうちに，コツをつかんで自然と速度は上がってくるものです。

「思考力」はなおさらです。現在の入試制度は制限時間が設けられていますから，どうしても速度を求めがちです。

しかし，社会に出てからは，締め切りはあるものの，思考を伴うことに関しては，短時間で結果を要求されることばかりではありません。

思考力を身につける最良の方法は，とにかく頭を使い，鍛えることです。まずは時間を気にせず，じっくり問題に向き合う習慣をつければ，情報を検索する速度が上がったり，今まで点と点だったものが線になってつながったりしてきます。

数10　場合の数②
1が使われている回数は？

考え方▸3通り　　制限時間▸20分　　難易度▸★★★

1から20まで続けて書くと
1234567891011121314151617181920となります。
これを1つの整数と考えると，この数は31けたで，
1が12回使われています。

このように，1から2015まで続けて書いてできる整数について，その整数の中に1は何回使われていますか。

考えるヒント	
	まず，1～999について考えます。
	①場合分け（1） 1が一の位に入る場合，十の位に入る場合，百の位に入る場合で場合分けしましょう。
	②場合分け（2） 1を1回使う場合・2回使う場合・3回使う場合で場合分けしましょう。
	③割合 1が使われる割合を考えましょう。

●考え方①

まず，1 ～ 999 について考えます。

（ⅰ）1 が一の位に入る場合

□□ 1 のとき，□□には 00 ～ 99 の 100 通りが入るので，1 は 100 個使われていることがわかります。

（ⅱ）1 が十の位に入る場合

□ 1 □のとき，（ⅰ）と同様に，□　□には 00 ～ 99 の 100 通りが入るので，1 は 100 個使われていることがわかります。

（ⅲ）1 が百の位に入る場合

1 □□のとき，（ⅰ）（ⅱ）と同様に，□□には 00 ～ 99 の 100 通りが入るので，1 は 100 個使われていることがわかります。

よって，1 は全部で，100 個 × 3 通り ＝ 300 個使われています。

また，1001 ～ 1999 も，一の位・十の位・百の位には 1 が全部で 300 個使われており，千の位には 999 個使われているので，全部で 300 個＋ 999 個＝ 1299 個使われていることがわかります。

2015までには，他にも1が1000・2001・2010・2011・2012・2013・2014・2015の9個使われています。

以上から，1は全部で，
300個＋1299個＋9個＝**1608個**使われています。

●考え方②

まず，1～999について考えます。

（i）1を1回使う場合

□□1のとき，百の位は0～9のうち1を除く9通り，十の位も0～9のうち1を除く9通り選ぶことができるので，9通り×9通り＝81通りできます。

□1□，1□□のときもそれぞれ81通りずつできるので，1は全部で81個×3通り×1回＝243個使われていることがわかります。

（ii）1を2回使う場合

□11のとき，百の位は0～9のうち1を除く9通りできます。

1□1，11□のときもそれぞれ9通りずつできるので，1は全部で9個×3通り×2回＝54個使われていることがわかります。

（iii）1を3回使う場合

111のみなので，3個使われています。

よって，1は全部で，

243個＋54個＋3個＝300個使われています。

後は，考え方①と同様です。

●考え方③

まず，1～999について考えます。

1から999の空いている位に0をつけます。

つまり，000・001・002・…・999と考えます。

一の位は，0123456789の繰り返しなので，1が10個に1個の割合で使われていることがわかります。

十の位は，1が□10～□19というように，100個に10個の割合，つまり10個に1個の割合で使われていることがわかります。

百の位は，1が000～999の1000個の中で，100～199の100個，つまり10個に1個の割合で使われていることがわかります。

以上から，000～999の3個×1000＝3000個の整数の中で，1は10個に1個の割合で使われているので，3000個×1/10＝300個使われていることがわかります。

よって，1は全部で300個使われています。

後は，考え方1と同様です。

PART 3 文章題編

複雑に絡み合った問題でも、条件を「整理」することで道筋が見えてきます。算数は、複雑なものを単純化する学問です。このトレーニングを積むことで、創造的思考力と共に、課題解決のために必要な条件を整理し、処理する力が向上します。

文章題1　単位量あたりの大きさ 混んでいるのはどちら？

考え方▶4通り　　制限時間▶10分　　難易度▶★☆☆

下の表は，Aの部屋とBの部屋の畳の枚数と，泊まる人数を表したものです。Aの部屋とBの部屋とでは，どちらの方が混んでいますか。

部屋	A	B
畳の枚数	10枚	8枚
人数	6人	5人

考えるヒント

①単位量（1）
1人あたりの畳の枚数を考えましょう。

②単位量（2）
畳1枚あたりの人数を考えましょう。

③そろえる（1）
2つの部屋の畳の枚数をそろえましょう。

④そろえる（2）
2つの部屋の人数をそろえましょう。

●**考え方①**

1人あたりの畳の枚数を考えます。

【部屋 A】

10枚÷6人＝1.66…枚/人

つまり，1人あたりの畳の枚数は，約1.7枚とわかります。

【部屋 B】

8枚÷5人＝1.6枚/人

つまり，1人あたりの畳の枚数は，1.6枚とわかります。

1人あたりの畳の枚数が，少ない方が混んでいることになります。

よって，約1.7枚＞1.6枚から，混んでいるのは**部屋 B**とわかります。

●**考え方②**

畳1枚あたりの人数を考えます。

【部屋 A】

6人÷10枚＝0.6人/枚

つまり，畳1枚あたりの人数は，0.6人とわかります。

【部屋 B】

5人÷8枚＝0.625人/枚

つまり，畳1枚あたりの人数は，0.625人とわかります。

畳1枚あたりの人数が，多い方が混んでいることになります。

よって，0.6人＜0.625人から，混んでいるのは**部屋B**とわかります。

●考え方③

畳の枚数をそろえて考えます。

今回は，最小公倍数でそろえます。

10枚と8枚の最小公倍数は40枚です。

部屋	A	B
畳の枚数	10枚→40枚	8枚→40枚
人数	6人→？	5人→？

畳の枚数を変えることに伴い，人数も変える必要があります。

【部屋A】

畳の枚数は，40枚÷10枚＝4倍になりました。

よって，人数は6人×4＝24人になります。

【部屋B】

畳の枚数は，40枚÷8枚＝5倍になりました。

よって，人数は5人×5＝25人になります。

改めて表をまとめ直すと，以下のようになります。

部屋	A	B
畳の枚数	40枚	40枚
人数	24人	25人

畳の枚数が等しい場合，人数の多い方が混んでいることになります。

よって，24人＜25人から，混んでいるのは**部屋B**とわかります。

●考え方④

人数をそろえて考えます。

今回は，最小公倍数でそろえます。

6人と5人の最小公倍数は30人です。

部屋	A	B
畳の枚数	10枚→？	8枚→？
人数	6人→30人	5人→30人

人数を変えることに伴い，畳の枚数も変える必要があります。

【部屋 A】

人数は，30 人÷ 6 人＝ 5 倍になりました。

よって，畳の枚数は 10 枚× 5 ＝ 50 枚になります。

【部屋 B】

人数は，30 人÷ 5 人＝ 6 倍になりました。

よって，畳の枚数は 8 枚× 6 ＝ 48 枚になります。

改めて表をまとめ直すと，以下のようになります。

部屋	A	B
畳の枚数	50 枚	48 枚
人数	30 人	30 人

人数が等しい場合，畳の枚数の少ない方が混んでいることになります。

よって，50 枚＞ 48 枚から，混んでいるのは**部屋 B**とわかります。

文章題2　和と差に関する文章題①
3人の取り分は？

考え方▶3通り　　制限時間▶10分　　難易度▶★☆☆

600円を兄・弟・妹の3人で分けて，金額を比べたところ，兄は弟より100円多く，弟は妹より40円多くなっていました。

3人の取り分はいくらですか。

考えるヒント	
	①そろえる（1） 兄の金額にそろえましょう。
	②そろえる（2） 弟の金額にそろえましょう。
	③そろえる（3） 妹の金額にそろえましょう。

● **考え方①**

線分図に表し，条件を整理します。

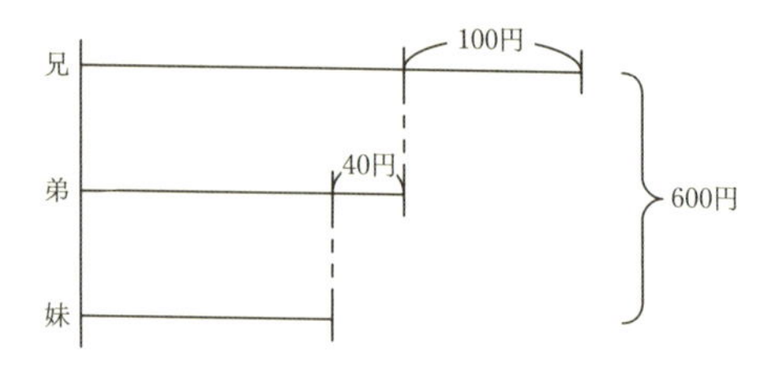

兄の金額にそろえて考えます。

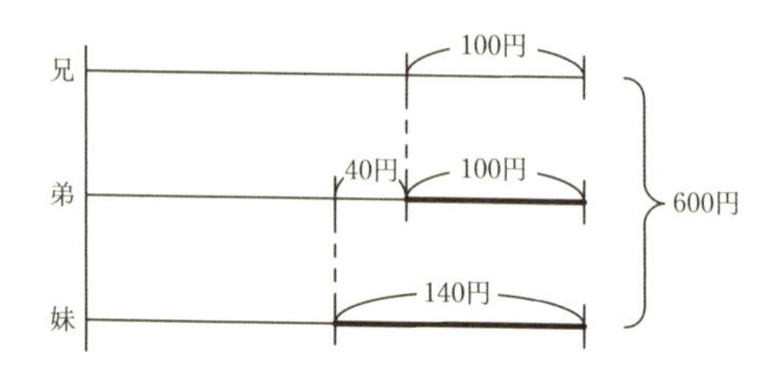

図のように，弟の金額に 100 円増やすと兄の金額になり，妹の金額に 40 円＋ 100 円＝ 140 円増やすと兄の金額になります。

よって，兄の金額 3 人分の合計は，
600 円＋ 100 円＋ 140 円＝ 840 円とわかります。

兄の金額は，840 円÷ 3 人分＝ **280 円**です。
弟の金額は，280 円－ 100 円＝ **180 円**です。
妹の金額は，280 円－ 140 円＝ **140 円**です。

●考え方②

弟の金額にそろえて考えます。

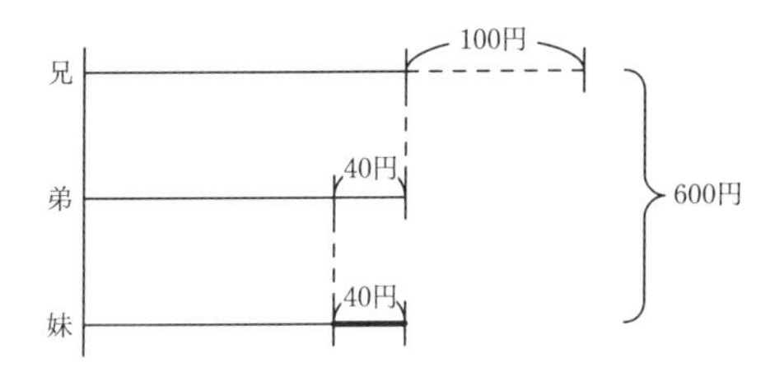

図のように，兄の金額から 100 円減らすと弟の金額になり，妹の金額に 40 円増やすと弟の金額になります。

よって，弟の金額 3 人分の合計は，
600 円－ 100 円＋ 40 円＝ 540 円とわかります。

弟の金額は，540 円÷ 3 人分＝ **180 円**です。
兄の金額は，180 円＋ 100 円＝ **280 円**です。
妹の金額は，180 円－ 40 円＝ **140 円**です。

●考え方③

妹の金額にそろえて考えます。

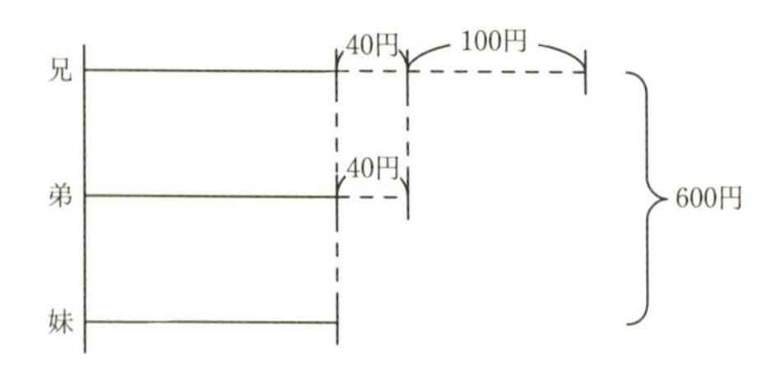

図のように，兄の金額から 100 円＋ 40 円＝ 140 円減らすと妹の金額になり，弟の金額から 40 円減らすと妹の金額になります。

よって，妹の金額 3 人分の合計は，
600 円－ 140 円－ 40 円＝ 420 円とわかります。

妹の金額は，420 円÷ 3 人分＝ **140 円**です。
兄の金額は，140 円＋ 140 円＝ **280 円**です。
弟の金額は，140 円＋ 40 円＝ **180 円**です。

column　論理的思考力④～条件整理力①～

論理的思考力の１つに，「条件整理力」があります。

条件が複雑に絡み合った課題に対し，整理をするために，式や図や表にまとめる力のことをいいます。

文章題２の問題の場合，「差」に注目することがポイントとなるので，「線分図」が有効です。

以下は，線分図を活用することが有効な問題です。考えてみてください。

２・４・６・８・10・12・14・16の８個の数があります。このうち７個の和の数から，残りの１個の数をひいたところ，48になりました。ひいた数はいくつですか。

答えは12です。

文章題3

和と差に関する文章題②
みかん・りんごの値段は？

考え方▶3通り　　制限時間▶10分　　難易度▶★★☆

みかん5個とりんご6個で680円，同じみかん6個とりんご5個で640円です。それぞれの1個の値段を求めなさい。

考えるヒント	
	①そろえる（1） みかんの数をそろえましょう。
	②そろえる（2） りんごの数をそろえましょう。
	③単位量の和 みかん1個とりんご1個の値段の合計を考えましょう。

●**考え方①**

表にまとめると，以下のようになります。

みかんの個数	りんごの個数	値段
5個	6個	680円
6個	5個	640円

みかんの個数をそろえて考えます。

今回は，最小公倍数でそろえます。

5個と6個の最小公倍数は30個です。

みかんの個数	りんごの個数	値段
5個→30個	6個	680円
6個→30個	5個	640円

みかんの個数を変えることに伴い，りんごの個数・値段も変える必要があります。

【上の段】

みかんの個数は，30個÷5個＝6倍になりました。

よって，りんごの個数は6個×6＝36個になります。

値段は680円×6＝4080円になります。

【下の段】

みかんの個数は，30個÷6個＝5倍になりました。

よって，りんごの個数は5個×5＝25個になります。

値段は640円×5＝3200円になります。

改めて表をまとめ直すと，以下のようになります。

みかんの個数	りんごの個数	値段
30個	36個	4080円
30個	25個	3200円

差額の4080円－3200円＝880円が，
りんご36個－25個＝11個分にあたるので，
りんご1個の値段は880円÷11個＝**80円**とわかります。

みかん5個とりんご6個で680円なので，みかん1個の値段は
（680円－80円×6個）÷5個＝**40円**です。

● **考え方②**

りんごの個数をそろえて考えます。

今回は，最小公倍数でそろえます。

6個と5個の最小公倍数は30個です。

みかんの個数	りんごの個数	値段
5 個	6 個→ 30 個	680 円
6 個	5 個→ 30 個	640 円

りんごの個数を変えることに伴い，みかんの個数・値段も変える必要があります。

【上の段】

りんごの個数は, 30 個÷ 6 個＝ 5 倍になりました。

よって，みかんの個数は 5 個× 5 ＝ 25 個になります。

値段は 680 円× 5 ＝ 3400 円になります。

【下の段】

りんごの個数は, 30 個÷ 5 個＝ 6 倍になりました。

よって，みかんの個数は 6 個× 6 ＝ 36 個になります。

値段は 640 円× 6 ＝ 3840 円になります。

改めて表をまとめ直すと，以下のようになります。

みかんの個数	りんごの個数	値段
25 個	30 個	3400 円
36 個	30 個	3840 円

差額の3840円－3400円＝440円が，
みかん36個－25個＝11個分にあたるので，みかん1個の値段は440円÷11個＝**40円**とわかります。
みかん5個とりんご6個で680円なので，りんご1個の値段は
（680円－40円×5個）÷6個＝**80円**です。

●考え方③

みかんの個数	りんごの個数	値段
5個	6個	680円
6個	5個	640円

上の段と下の段を合計します。

みかんの個数	りんごの個数	値段
11個	11個	1320円

みかんの個数とりんごの個数は11個ずつなので，11でわると，みかん1個とりんご1個の値段の合計がわかります。

みかんの個数	りんごの個数	値段
1個	1個	120円

みかんの個数を5個に変えると，りんごの個数は1個×5＝5個になります。

値段は120×5＝600円になります。

改めて表をまとめ直すと，以下のようになります。

みかんの個数	りんごの個数	値段
5個	5個	600円
5個	6個	680円

差額の680円－600円＝**80円**が，りんご6個－5個＝1個分にあたります。

みかん1個とりんご1個で120円なので，みかん1個の値段は120円－80円＝**40円**です。

文章題4 和と差に関する文章題③
3人の所持金は？

考え方▶2通り　　制限時間▶10分　　難易度▶★★☆

A君とB君の所持金の合計は700円，B君とC君の所持金の合計は600円，A君とC君の所持金の合計は500円です。

このとき，3人の所持金はそれぞれいくらですか。

考えるヒント	
	①和 3人の所持金の合計金額を考えましょう。
	②消去 2人の所持金を消去し，1人の所持金だけを残しましょう。

●考え方①

式に表すと，下記となります。

A ＋ B ＝ 700 円

B ＋ C ＝ 600 円

C ＋ A ＝ 500 円

この 3 つの式を合計すると，

（A ＋ B）＋（B ＋ C）＋（C ＋ A）

＝ 700 円＋ 600 円＋ 500 円

すなわち，

（A ＋ B ＋ C）× 2 人分＝ 1800 円となります。

A 君・B 君・C 君の 2 人分ずつの所持金の合計が 1800 円なので，

1 人分ずつの所持金の合計は，

1800 円÷ 2 人分＝ 900 円とわかります。

A ＋ B ＋ C ＝ 900 円

B ＋ C ＝ 600 円から，

A 君の所持金は，900 円－ 600 円＝ **300 円**です。

C ＋ A ＝ 500 円から，

B 君の所持金は，900 円－ 500 円＝ **400 円**です。

A ＋ B ＝ 700 円から，

C 君の所持金は，900 円－ 700 円＝ **200 円**です。

●**考え方②**

A ＋ B ＝ 700 円…ア

B ＋ C ＝ 600 円…イ

C ＋ A ＝ 500 円…ウ

A 君に関わる式は，アとウです。

ア＋ウをします。

（A ＋ B） ＋ （C ＋ A） ＝ 700 円＋ 500 円

すなわち，

A × 2 人分＋ B ＋ C ＝ 1200 円となります。

イから，B ＋ C ＝ 600 円なので，

A × 2 人分＋ 600 円＝ 1200 円

よって，A 君 1 人分の所持金は，

（1200 円－ 600 円） ÷ 2 人分＝ **300 円**です。

B 君に関わる式は，アとイです。

ア＋イをします。

（A ＋ B） ＋ （B ＋ C） ＝ 700 円＋ 600 円

すなわち，

B × 2 人分＋ C ＋ A ＝ 1300 円となります。

ウから，C ＋ A ＝ 500 円なので，

B × 2 人分＋ 500 円＝ 1300 円

よって，B 君 1 人分の所持金は，

（1300 円－ 500 円）÷ 2 人分＝ **400 円**です。

または，A 君の所持金が 300 円とわかったので，

300 円＋ B ＝ 700 円

よって，B 君の所持金は，

700 円－ 300 円＝ **400 円**です。

C 君に関わる式は，イとウです。

イ＋ウをします。

（B ＋ C）＋（C ＋ A）＝ 600 円＋ 500 円

すなわち，

C × 2 人分＋ A ＋ B ＝ 1100 円となります。

アから，A ＋ B ＝ 700 円なので，

C × 2 人分＋ 700 円＝ 1100 円

よって，C 君 1 人分の所持金は，

（1100 円－ 700 円）÷ 2 人分＝ **200 円**です。

または，A 君の所持金が 300 円とわかったので，

C ＋ 300 円＝ 500 円

よって，C 君の所持金は，

500 円－ 300 円＝ **200 円**です。

column 論理的思考力⑤～条件整理力②～

文章題４の問題のように，登場人物の関係性がわかっている場合には，「式」を用いると整理しやすくなります。

立式ができれば，あとはそれを処理するのみとなります。

以下は，式を活用することが有効な問題です。考えてみてください。

> 異なる３種類の消しゴムA，B，Cがあります。Aの値段はCの値段の２倍です。いま一郎君は，Aを３個，Bを２個，Cを１個買って310円はらいました。次郎君は，Aを１個，Bを２個，Cを７個買って370円はらいました。B1個の値段はいくらですか。

答えは50円です。

文章題5　割合に関する文章題
食塩の濃度

考え方▶2通り　　制限時間▶15分　　難易度▶★★☆

16%の食塩水が400gあります。

この食塩水100gを捨ててから，水100gを加えるという操作を3回繰り返すと，何%の食塩水ができますか。

考えるヒント	
	①割合 濃度は，食塩÷食塩水×100で求められます。 この考え方を活用し，操作ごとに計算しましょう。
	②比 400gの食塩水から100g捨てて，水100gを加えるということは，食塩の量はどのように変わったのでしょうか。

●**考え方①**

まず，食塩水 100g を捨てた後の食塩の量を求めます。

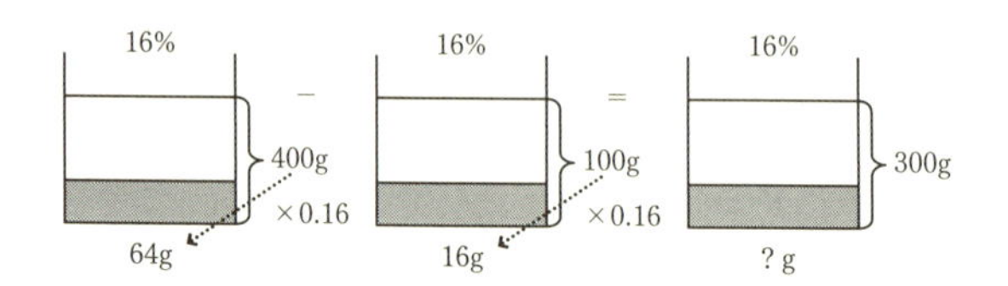

もとの食塩水の中に入っている食塩の量は，
400g × 0.16 ＝ 64g です。

捨てる食塩水の中に入っている食塩の量は，
100g × 0.16 ＝ 16g です。

よって，残った食塩の量は，64g − 16g ＝ 48g となります。

ちなみに，食塩水を 100g 捨てても，食塩濃度は変わりません。

次に，水 100g を加えたときの食塩濃度を考えます。

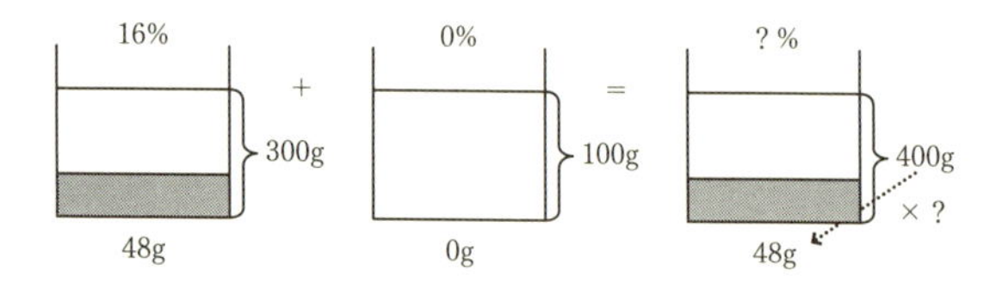

食塩の量は，48g + 0g = 48g となります。

食塩水の量は，300g + 100g = 400g となります。

よって，食塩濃度は，48g ÷ 400g = 0.12
つまり，0.12 × 100 = 12% とわかります。

2回目の操作も，同様にして考えます。

食塩の量は，
400g × 0.12 − 100g × 0.12 + 0g = 36g

食塩水の量は，300g + 100g = 400g となります。

よって，食塩濃度は，36g ÷ 400g = 0.09
つまり，0.09 × 100 = 9% とわかります。

3回目の操作も，同様にして考えます。

食塩の量は，
400g × 0.09 − 100g × 0.09 + 0g = 27g

食塩水の量は，300g + 100g = 400g となります。

よって，食塩濃度は，27g ÷ 400g = 0.0675
つまり，0.0675 × 100 = **6.75%** とわかります。

●考え方②

食塩水 100g を捨ててから，水 100g を加えても，食塩水の量は変わりません。変わるのは，食塩の量のみです。

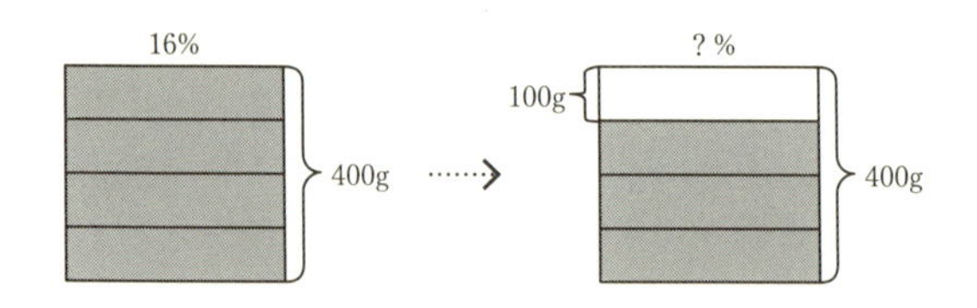

食塩が食塩水中にまんべんなく溶けているので，操作を行う前と後で，食塩の量の比は，

400g：300g = 4：3 となります。

食塩水の量は変わらないので，食塩濃度も 4：3 となります。

よって，1 回目の操作を終えた後の食塩濃度は，

16% × 3/4 = 12% とわかります。

同様にして，2 回目の操作を終えた後の食塩濃度は，12% × 3/4 = 9% とわかります。

3 回目の操作を終えた後の食塩濃度は，

9% × 3/4 = **6.75%** とわかります。

column　複雑 → 単純

算数というのは，複雑なものを単純化させる学問です。

文章題５の問題なら，考え方①で解くと，多くの時間を費やすことになりますが，考え方②で解くと，簡単に解決することができます。

複雑な問題に出合ったときは，単純化することができないだろうかという視点が大切です。

例えば，十角形の対角線の本数は？と尋ねられたら，どのように求めますか？ 十角形を書いて，対角線をたくさん引いて…考えただけでも大変です。

そこで，単純化することはできないか。

１つは，規則性を見つけることです。

三角形の対角線は０本。四角形は２本，五角形は５本，六角形は９本，七角形は…。何か生まれそうですね。

もう１つの方法は，公式を導き出すことです。

今回，理由は省略しますが，Ｎ角形の対角線の本数は，

（Ｎ－３）×Ｎ÷２で求めることができます。

規則性や公式というものは，複雑だったものを単純化したものといえるわけです。

文章題6

速さに関する文章題①
追いつくのはどこ？

考え方▶3通り　　制限時間▶15分　　難易度▶★★☆

ア地点から分速60mのA君が，イ地点から分速40mのB君が同時に同じ方向ウに進みます。ア地点とイ地点は300m離れています。

A君がB君に追いつくのは，ア地点から何mのところですか。

考えるヒント	
	①単位量の差 A君とB君の分速の差を考えましょう。
	②比（1） 同じ時間で進んだA君とB君の距離の比に注目しましょう。
	③比（2） 同じ距離を進んだA君とB君の時間の比に注目しましょう。

●考え方①

状況を図に表すと，以下のようになります。
（同じ時刻には，同じ記号をつけています。）

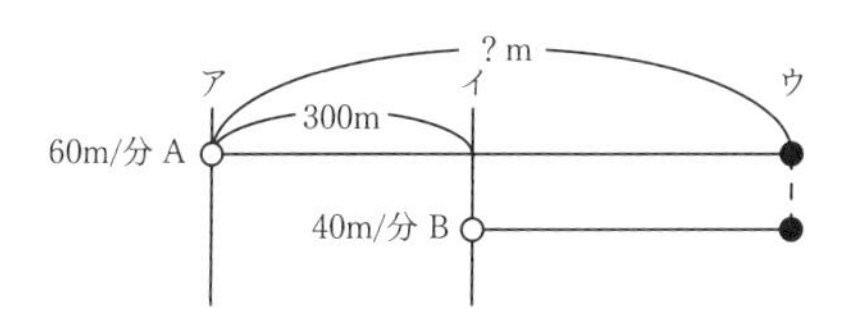

A君とB君の分速の差は，
60m/分－40m/分＝20m/分です。

300mの差が，1分あたり20mずつ縮まることになります。

追いつくということは，300mの差が0mになるということです。

よって，A君がB君に追いつくのは，2人が出発してから300m÷20m/分＝15分後とわかります。

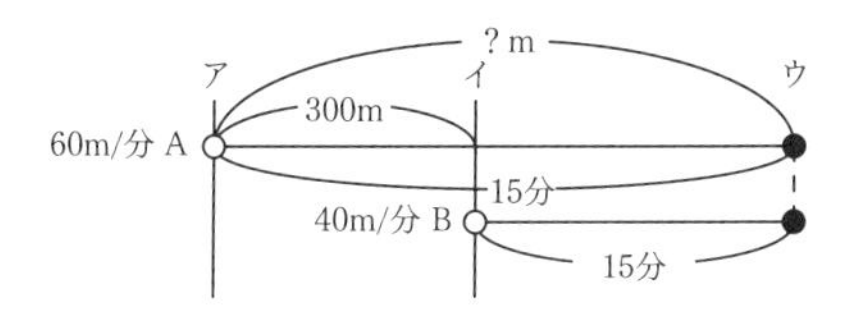

A君の○～●の距離を求めればよいので，
60m/分×15分＝**900m**となります。

または，B 君の○〜●の距離は，
40m/ 分 × 15 分 = 600m なので，それにア〜イの 300m を加えて，600 + 300 = **900m** となります。

● 考え方②

同じ時間で進んだ A 君と B 君の距離は，A 君と B 君の速さに比例します。

つまり，A 君と B 君の速さの比は，60：40 = 3：2 なので，同じ時間で進んだ距離の比も 3：2 になります。

よって，A 君の○〜●の距離と B 君の○〜●の距離の比は，3：2 です。

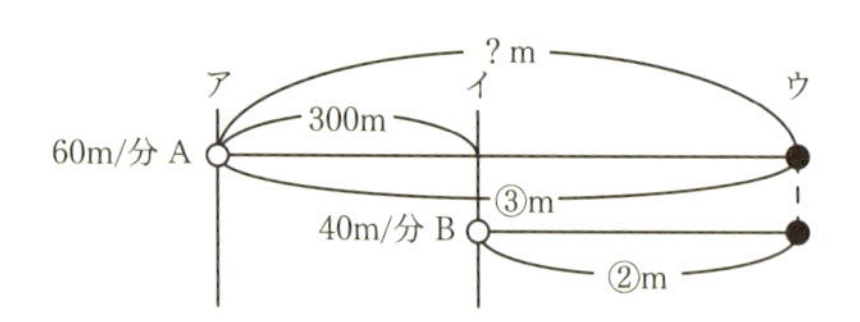

③ m −② m =① m の距離が，ア〜イの 300m にあたります。

求める距離は③ m なので，300m × 3 = **900m** となります。

● 考え方③

同じ距離を進んだ A 君と B 君の時間は，A 君と

B 君の速さに反比例します。

つまり，A 君と B 君の速さの比は，60：40 = 3：2 なので，同じ距離を進んだ時間の比は 2：3 になります。

よって，A 君と B 君がイ地点から追いつく地点までの距離を進むのにかかる時間の比は，2：3 です。

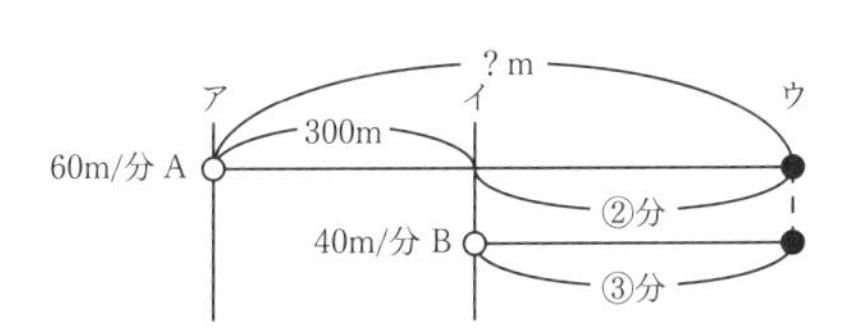

A 君がア～イを進むのにかかる時間は，
300m ÷ 60m/ 分 = 5 分です。

○～●の時間は③分なので，
③分 − ②分 = ①分の時間が，5 分にあたります。

よって，○～●の時間は，5 分 × 3 = 15 分です。

A 君の○～●の距離を求めればよいので，60m/分 × 15 分 = **900m** となります。

または，B 君の○～●の距離は，40m/ 分 × 15 分 = 600m なので，それにア～イの 300m を加えて，
600m + 300m = **900m** となります。

column 論理的思考力⑥～条件整理力③～

速さの問題に関しても，条件整理力が求められます。

速さ・時間・距離の３条件の整理，登場人物が同時刻にどの位置にいるのか，などをまとめるのには，「状況図」が有効です。

以下は，状況図を活用することが有効な問題です。考えてみてください。

A君が家を出て８分たってから，妹が自転車でA君の後を追い，A君を追い抜いて先に図書館に着きました。そして，妹が図書館に着いて10分たってから，A君が図書館に着きました。

A君の速さは毎分40m，妹の速さは毎分120mです。家から図書館までの距離を求めなさい。

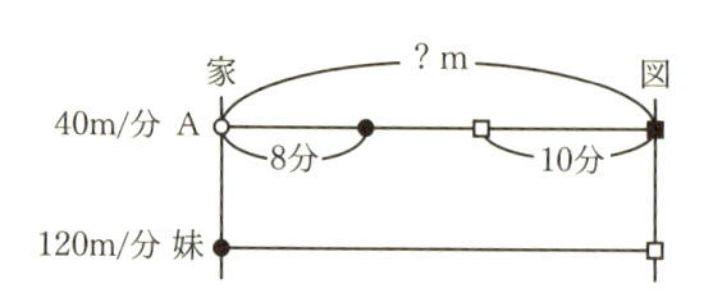

答えは1080mです。

文章題7　和と差に関する文章題④
それぞれ何個？

考え方▶3通り　　制限時間▶20分　　難易度▶★★★

1個20円のあめ・50円のガム・80円のチョコレートがあわせて34個あります。値段の合計は1460円です。また，あめとガムの個数は3：1です。

あめ・ガム・チョコレートは，それぞれいくつありますか。

考えるヒント

①交換
全部チョコレートと考えてみましょう。

②平均
あめとガムの値段の平均を考えましょう。

③規則性
あめの数・ガムの数・チョコレートの数・値段の合計を表にまとめると，規則性が見えてきます。

●**考え方①**

あめとガムの個数の関係がわかっているので，残りのチョコレートに注目します。

34個すべてをチョコレートとすると，チョコレートの値段の合計は，80円×34個＝2720円となります。

実際の値段の合計は1460円ですから，
2720円－1460円＝1260円多くなってしまうことがわかります。

そこで，あめ・ガムとチョコレートを，何個か交換することにします。

あめとガムの個数は3：1なので，「あめ3個　ガム1個」と考えます。

これと，チョコレート3個＋1個＝4個とを交換します。

あめ3個　ガム1個の値段の合計
…20円×3個＋50円×1個＝110円

チョコレート4個の値段の合計
…80円×4個＝320円

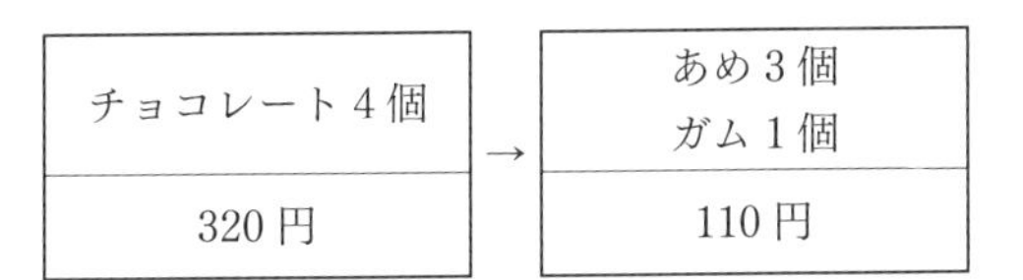

チョコレート4個を，あめ3個・ガム1個と交換すると，
320円－110円＝210円が減ることになります。

全部で1260円を減らす必要があるので，
1260円÷210円＝6回交換すればよいことがわかります。

あめの数は，3個×6回＝**18個**となります。

ガムの数は，1個×6回＝**6個**となります。

チョコレートの数は，
34個－4個×6回＝**10個**となります。

または，34個－（18個＋6個）＝**10個**となります。

●考え方②

あめとガムの個数は3：1なので，「あめ3個　ガム1個」と考えます。

あめの値段は20円，ガムの値段は50円なので，あめとガム1個あたりの値段の平均は，
（20円×3個＋50円×1個）÷（3個＋1個）

＝27.5円とわかります。

34個すべてをあめかガムとすると，あめかガムの値段の合計は, 27.5円×34個＝935円となります。

実際の値段の合計は1460円ですから，
1460円－935円＝525円少なくなってしまうことがわかります。

そこで，あめ・ガムとチョコレートを，何個か交換することにします。

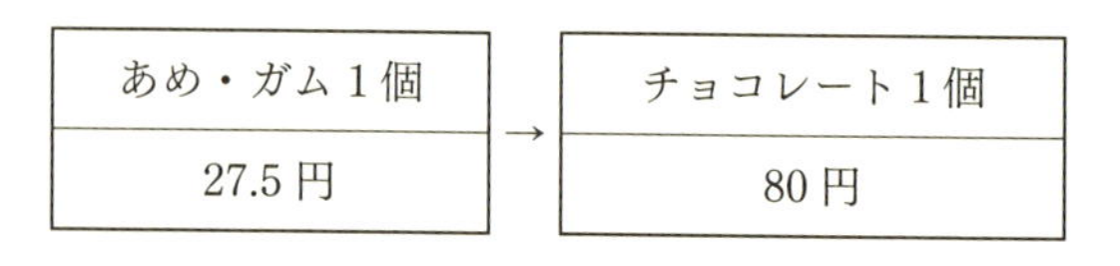

あめかガム1個を，チョコレート1個と交換すると，80円－27.5円＝52.5円が増えることになります。

全部で525円を増やす必要があるので，
525円÷52.5円＝10回交換すればよいことがわかります。

よって，チョコレートの数は**10個**とわかります。

ガムの数は，（34個－10個）÷（3＋1）＝**6個**となります。

あめの数は，6個×3＝**18個**となります。

●考え方③

あめとガムの個数は3：1なので，初めは「あめ3個　ガム1個」と考えます。

その場合，チョコレートの数は，
34個－（3個＋1個）＝30個

値段の合計は，
20円×3個＋50円×1個＋80円×30個＝2510円となります。

同様に，「あめ6個　ガム2個」…と考えていきます。

これを表にまとめると，以下のようになります。

あめの数（個）	3	6	9	…	?
ガムの数（個）	1	2	3	…	?
チョコレートの数（個）	30	26	22	…	?
値段の合計（円）	2510	2300	2090	…	1460

実際の値段の合計は1460円ですから，
初めから2510円－1460円＝1050円少なくなることがわかります。

1列増えるごとに，値段の合計は

2510円－2300円＝210円ずつ減るので，
1050円÷210円＝5列増えることになります。

1列増えるごとに，あめの数は3個ずつ増えるので，実際のあめの数は，
3個＋3個×5列＝**18個**となります。

1列増えるごとに，ガムの数は1個ずつ増えるので，実際のガムの数は，
1個＋1個×5列＝**6個**となります。

1列増えるごとに，チョコレートの数は4個ずつ減るので，実際のチョコレートの数は，
30個－4個×5列＝**10個**となります。

または，34個－（18個＋6個）＝**10個**となります。

文章題8　和と差に関する文章題⑤
それぞれ何本？

考え方▶3通り　　制限時間▶20分　　難易度▶★★★

ある文房具屋では，鉛筆が1本90円，ボールペンが1本170円，シャーペンが1本150円で売られています。この鉛筆，ボールペン，シャーペンを合計で15本買い，レジで2070円払いました。

鉛筆はシャーペンより1本多く買いました。それぞれ何本買いましたか。

考えるヒント

①不定方程式
2種類の関係式を導き，処理しましょう。

②そろえる
鉛筆とボールペンの数をそろえましょう。

③規則性
鉛筆の数・ボールペンの数・シャーペンの数・値段の合計を表にまとめると，規則性が見えてきます。

●考え方①

鉛筆をA本，ボールペンをB本，シャーペンをC本買ったとします。

金額で式を作ると，

$90 \times A + 170 \times B + 150 \times C = 2070$…ア

本数で式を作ると，

$A + B + C = 15$…イ

Cを消去するために，ア・イの式を変形します。

アの両辺を10でわると，

$9 \times A + 17 \times B + 15 \times C = 207$…ウ

イの両辺に15をかけると，

$15 \times A + 15 \times B + 15 \times C = 225$…エ

エーウをすると，$6 \times A - 2 \times B = 18$

両辺を2でわると，$3 \times A - B = 9$

$3 \times A$と9は共に3の倍数なので，Bも3の倍数であることがわかります。すなわち，Bは15本より少ないので，3本・6本・9本・12本のいずれかです。

（ i ）B ＝ 3 本のとき

3 × A － 3 ＝ 9 → 3 × A ＝ 12

A は 12 ÷ 3 ＝ 4 本になります。

よって，C は 15 本－（4 本＋ 3 本）＝ 8 本となります。

しかし，A は C より 1 本多くならないので不適。

（ii）B ＝ **6 本**のとき

3 × A － 6 ＝ 9 → 3 × A ＝ 15

A は 15 ÷ 3 ＝ **5 本**になります。

よって，C は 15 本－（5 本＋ 6 本）＝ **4 本**となります。

（iii）B ＝ 9 本のとき

3 × A － 9 ＝ 9 → 3 × A ＝ 18

A は 18 ÷ 3 ＝ 6 本になります。

よって，C は 15 本－（6 本＋ 9 本）＝ 0 本となります。

しかし，C は 0 本となるので不適。

（iv）B ＝ 12 本のとき

3 × A － 12 ＝ 9 → 3 × A ＝ 21

A は 21 ÷ 3 ＝ 7 本になります。

よって，C は 7 本＋ 12 本＝ 19 本となります。

しかし，C は 15 本を超えるので不適。

●考え方②

鉛筆はシャーペンより 1 本多いので，先に鉛筆を 1 本除き，鉛筆とシャーペンの本数をそろえて考えます。

鉛筆 1 本を除いた金額は，

2070 円 − 90 円 = 1980 円です。

鉛筆とシャーペンは同じ本数になるので，金額で式を作ると，

$90 \times C + 170 \times B + 150 \times C = 1980$

$\rightarrow 240 \times C + 170 \times B = 1980$…オ

本数で式を作ると，$C + B + C = 14$

$\rightarrow 2 \times C + B = 14$…カ

B を消去するために，オ・カの式を変形します。

オの両辺を 10 でわると，

$24 \times C + 17 \times B = 198$…キ

カの両辺に 17 をかけると，

$34 \times C + 17 \times B = 238$…ク

ク－キをすると，$10 \times C = 40$

C は $40 \div 10 =$ **4 本**となります。

AはCより1本多いので，Aは4本＋1本＝**5本**となります。

Bは15本－（4本＋5本）＝**6本**となります。

または，14本－4本×2＝**6本**となります。

●考え方③

鉛筆はシャーペンより1本多く買ったので，初めは「鉛筆2本　シャーペン1本」と考えます。

その場合，ボールペンの数は，

15本－（2本＋1本）＝12本

値段の合計は，

90円×2本＋170円×12本＋150円×1本

＝2370円となります。

同様に，「鉛筆3本　シャーペン2本」…と考えていきます。

これを表にまとめると，以下のようになります。

鉛筆の数（本）	2	3	4	…	?
ボールペンの数（本）	12	10	8	…	?
シャーペンの数（本）	1	2	3	…	?
値段の合計（円）	2370	2270	2170	…	2070

実際の値段の合計は2070円ですから，

初めから2370円－2070円＝300円少なくなることがわかります。

1列増えるごとに，値段の合計は
2370円－2270円＝100円ずつ減るので，
300円÷100＝3列増えることになります。

1列増えるごとに，鉛筆の数は1本ずつ増えるので，実際の鉛筆の数は，
2本＋1本×3列＝**5本**となります。

1列増えるごとに，シャーペンの数は1本ずつ増えるので，実際のシャーペンの数は，
1本＋1本×3列＝**4本**となります。

1列増えるごとに，ボールペンの数は2本ずつ減るので，実際のボールペンの数は，
12本－2本×3列＝**6本**となります。

または，15本－（5本＋4本）＝**6本**となります。

文章題9　和と差、割合に関する文章題

値段の差はいくら？

考え方▶2通り　　制限時間▶20分　　難易度▶★★★

A・B・C・D・E・Fの6種類のパンがあります。6種類のパンの値段の合計は780円です。

パンの値段はAが最も高く，高い方から順にB・C・D・E・Fと並んでおり，それぞれのパンの値段の差はすべて等しくなっています。また，BとCの値段の和は他の4個の値段の和の5/8です。

等しい値段の差はいくらですか。

考えるヒント	
	①消去 2種類の関係式を導き，処理しましょう。
	②平均 BとCの平均と，他の4個の平均を比べましょう。

●考え方①

A・D・E・F の値段の和を 1 とすると，B・C の和は 5/8 になります。

よって，A・D・E・F の値段の和は，

780 円÷（1 + 5/8）= 480 円

B・C の和は，780 円－ 480 円= 300 円

または，480 円× 5/8 = 300 円となります。

線分図に表し，条件を整理します。

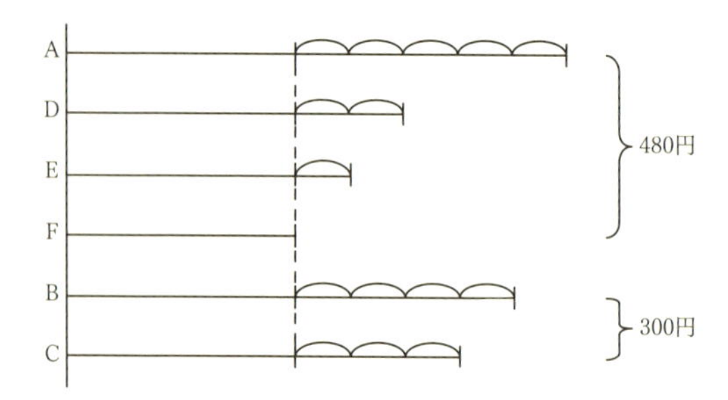

等しい値段の差を①円とすると，

A + D + E + F

=（F +⑤）+（F +②）+（F +①）+ F

= F × 4 +⑧= 480…ア

B + C

=（F +④）+（F +③）

= F × 2 +⑦= 300…イ

Fを消去するために，イの式を変形します。

イの両辺に2をかけると，

F × 4 +⑭= 600…ウ

ウ－アをすると，⑥= 120となります。

よって，①は120円÷6 = **20円**となります。

● **考え方②**

等しい値段の差を①円とすると，

A・D・E・Fの平均は，

{F × 4 + （⑤+②+①）} ÷ 4 = F +②

これと，480円÷ 4 = 120円が等しいので，

F +②= 120…エ

B・Cの平均は，

{F × 2 + （④+③）} ÷ 2 = F +(3.5)

これと，300円÷ 2 = 150円が等しいので，

F +(3.5)= 150…オ

オ－エをすると，(1.5)= 30となります。

よって，①は30円÷ 1.5 = **20円**となります。

column　論理的思考力⑦～条件整理力④～

いろいろな条件が絡み合った問題を，線分図・式・状況図などを活用して整理してきました。では，下の問題について条件整理をしてみてください。

A君・B君の2人は合わせて800円持っています。今，A君がB君へ150円を渡し，次にB君がA君へ300円を渡し，最後にA君がB君へB君の持っているお金と同じ額を渡すと，2人の持っているお金が等しくなりました。初めにA君が持っていたお金はいくらでしたか。

混乱しそうですね…。そこで，このような問題の場合は，以下のような図にまとめると，整理できるのではないでしょうか。

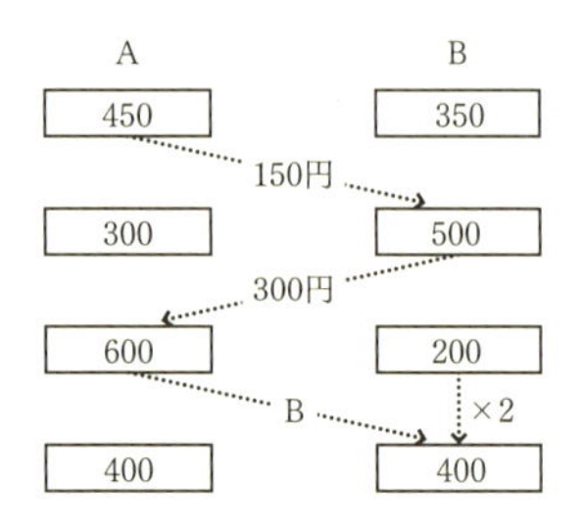

この図を，フローチャート図，もしくは流れ図といいます。

答えは450円です。

文章題10　速さに関する文章題②
図書館から公園までの道のりは？

考え方▶4通り　　制限時間▶30分　　難易度▶★★★

Aさんの町の図書館から公園までの道のりは上り坂と下り坂で，平らなところはありません。Aさんは上り坂を時速4.5km，下り坂を時速6kmで歩き，図書館から公園までは54分間，公園から図書館までは51分間かかります。図書館から公園までの道のりは何kmですか。

考えるヒント

①比
同じ距離を進んだ上りと下りの時間の比に注目しましょう。

②単位量の差
1kmを上るときと下るときとにかかる時間の差を考えましょう。

③平均
上りと下りの平均の速さを考えましょう。

④消去
2種類の関係式を導き，処理しましょう。

図書館から公園までを「行き」，公園から図書館までを「帰り」とします。

仮に，図書館から公園までの道のりのうち，上り坂の区間の合計距離と下り坂の区間の合計距離が等しければ，行きにかかる時間と帰りにかかる時間は同じになります。

しかし，実際は行きの方が帰りよりも時間がかかっているので，行きの方が，上り坂の区間が長いことがわかります。

簡単な図をかくと，下図のようになります。

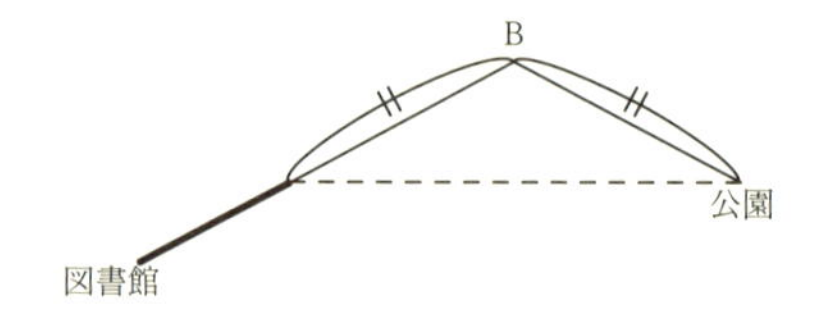

● **考え方1**

行きと帰りの差は，54 分 − 51 分 = 3 分間です。

この差は，図の太線区間の上りと下りにかかる時間の差です。

同じ距離を進んだ上り坂と下り坂の時間は，上り坂と下り坂の速さに反比例します。

つまり，上り坂と下り坂の速さの比は，

4.5：6 ＝ 3：4 なので，同じ距離を進んだ時間の比は 4：3 になります。

4 と 3 の差の 1 が 3 分間にあたるので，太線区間の上りにかかる時間は
3 分間× 4 ＝ 12 分間です。

よって，太線区間の距離は，
4.5km/ 時× 12/60 時間＝ 0.9kmとなります。

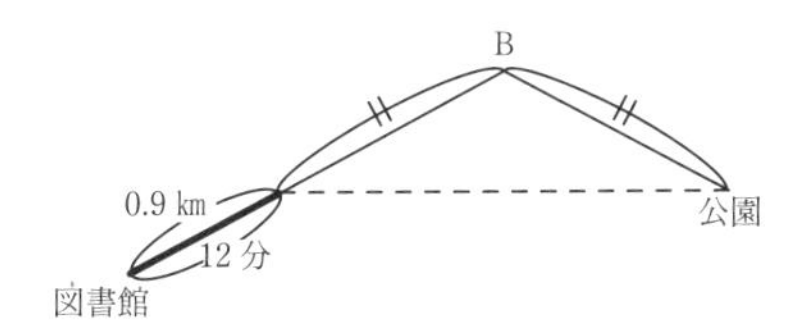

太線を除く区間には，54 分－ 12 分＝ 42 分間かかります。

先ほどと同様に，同じ距離を進んだ上り坂と下り坂の時間の比は 4：3 になるので，上りにかかる時間は 42 分間× 4/（4 ＋ 3）＝ 24 分間です。

よって，上り坂の距離は，
4.5km/ 時× 24/60 時間＝ 1.8kmとなります。

下り坂も 1.8kmなので，太線を除く区間の距離は，
1.8km × 2 ＝ 3.6kmとなります。

太線区間と合わせると，図書館から公園までの道のりは，0.9km ＋ 3.6km ＝ **4.5km**となります。

●**考え方②**

1㎞を上るときにかかる時間は,
1㎞÷ 4.5㎞/ 時＝ 2/9 時間です。

1㎞を下るときにかかる時間は,
1㎞÷ 6㎞/ 時＝ 1/6 時間です。

よって，1㎞を上るときと下るときにかかる時間の差は,
2/9 時間－ 1/6 時間＝ 1/18 時間＝ 10/3 分間です。

太線区間を上るときと下るときの時間の差は
54 分－ 51 分＝ 3 分間なので，太線区間の道のりは,
1㎞×（3 分間÷ 10/3 分間）＝ 0.9㎞です。

後は，考え方①と同様です。

●**考え方③**

上り坂と下り坂の平均の速さを求めます。

考え方②から，1㎞を上るときにかかる時間は
2/9 時間，1㎞を下るときにかかる時間は 1/6 時間なので，平均の速さは,
1㎞× 2 ÷（2/9 時間＋ 1/6 時間）＝ 36/7㎞/ 時です。

考え方①から，太線をのぞく区間にかかる時間は
42 分間と求められます。

よって，太線を除く区間の距離は,
36/7㎞/ 時× 42/60 時間＝ 3.6㎞とわかります。

また，考え方①や考え方②から，太線区間の距離

は0.9㎞と求められるので，太線区間と合わせると，図書館から公園までの道のりは，
0.9㎞＋ 3.6㎞＝ **4.5㎞**となります。

●考え方④

図書館～B地点までの上り坂と下り坂を進むのにかかる時間は，上り坂と下り坂を進む速さに反比例します。

つまり，上り坂と下り坂の速さの比は，
4.5：6 ＝ 3：4 なので，
図書館～B地点を進むのにかかる時間の比は，行きと帰りで④分：③分になります。

同様に，B地点～公園を進むのにかかる時間の比は，行きと帰りで3分：4分になります。

行きの時間で式を作ると，④＋3＝ 54分間…ア
帰りの時間で式を作ると，③＋4＝ 51分間…イ

□を消去するために，ア・イの式を変形します。
アの両辺に4をかけると，⑯＋12＝ 216分間…ウ
イの両辺に3をかけると，⑨＋12＝ 153分間…エ
ウ－エをすると，⑦＝ 63分間
①は，63分間÷ 7 ＝ 9分間となります。

④は，9分間× 4 ＝ 36分間

③は，54分間－36分間＝18分間となるので，
図書館から公園までの道のりは，
4.5km/時×36/60時間＋6km/時×18/60時間
＝**4.5km**となります。

おわりに

教壇に立つにあたり，以前の私は「見える学力」ばかりに重点を置いていたように思います。いかに速く，わかりやすく教えるためにはどうすればよいか。そのような観点で，授業づくりをしていました。
子どもたちは，わかるよろこびやできる楽しさを感じながら学んでいたのですが，私の中には何か物足りなさを感じていました。

「人生は，最短距離で通用するのだろうか……」

社会に出ると，答えに至るまでの最短距離を誰かが教えてくれることは多くありません。ああでもない、こうでもない。いったいどの道筋が正しいのかさえ，わからないことが多いのではないでしょうか。

「真の学びとは何か」

あれこれと考えた末に出た結論の１つは，「思考過程を重視する」ことでした。これは，子どもたちから教わったことです。
というのも，私はこれまでに1000人を超える子どもたちと出会いましたが，勉強の得意な子には，共通点があることに気づきました。それは，「答えに至るまでの思考過程を美しく書くことができる子」です。テストの答案をひと目見るだけでも，だいだいその子の力がわかります。

思考過程を美しく書くことのできる子は，それだけ頭の中が整理されている子です。そしてそれだけでなく，その子たちは，また新たな発想を生み出すことも得意としています。頭の中のタンスが整頓されているため，既習の情報を引き出しやすくなっているのだと思います。

これだ……！と思いました。それからというもの，私は思考過程を重視した授業にシフトチェンジすることにしました。授業中に子どもたちのさまざまな考え方を引き出しながら授業を進めることで，子どもたちが一層輝くようになりました。発見と創造の連続で、脳が耕されることをよろこんでいるのでしょう。

中には，授業が終了して休み時間に入っても，別の考え方を見つけ出そうと必死にがんばっている子がいたり，私のところに来て，授業中には採り上げることのできなかった考え方を教えに来てくれる子もいたりします。

子どもたちだけではなく，多くの方々に真の学びや知的欲求を満たすことのよろこびを知っていただきたい。そのような思いで，今回筆をとらせていただきました。

満足していただけるような内容だったかはわかりませんが，最後までお付き合いいただいたみなさまには，心から感謝しております。ありがとうございました。

最後になりましたが，本書の出版にあたっては，ディスカヴァー・トゥエンティワンの三谷祐一様と林秀樹様に大変お世話になりました。心より，お礼申し上げます。

2015年7月　　伊藤邦人

ひらめき力は、小学算数で鍛えよ

発行日　2015年8月30日　第1刷

Author　伊藤邦人

Book Designer　石間淳

Publication　株式会社ディスカヴァー・トゥエンティワン
〒102-0093　東京都千代田区平河町2-16-1 平河町森タワー11F
TEL　03-3237-8321（代表）
FAX　03-3237-8323
http://www.d21.co.jp

Publisher　干場弓子
Editor　林秀樹　三谷祐一

Marketing Group
Staff　小田孝文　中澤泰宏　片平美恵子　吉澤道子　井筒浩　小関勝則
千葉潤子　飯田智樹　佐藤昌幸　谷口奈緒美　山中麻吏　西川なつか
古矢薫　伊藤利文　米山健一　原大士　郭迪　松原史与志　蛯原昇
中山大祐　林拓馬　安永智洋　鍋田匠伴　榊原僚　佐竹祐哉
塔下太朗　廣内悠理　安達情未　伊東佑真　梅本翔太　奥田千晶
田中姫菜　橋本莉奈　川島理　倉田華　牧野類　渡辺基志
Assistant Staff　俵敬子　町田加奈子　丸山香織　小林里美　井澤徳子　橋詰悠子
藤井多穂子　藤井かおり　葛目美枝子　竹内恵子　清水有基栄
小松里絵　川井栄子　伊藤由美　伊藤香　阿部薫　常徳すみ
三塚ゆり子　イエン・サムハマ

Operation Group
Staff　松尾幸政　田中亜紀　中村郁子　福永友紀　山﨑あゆみ　杉田彰子

Productive Group
Staff　藤田浩芳　千葉正幸　原典宏　石橋和佳　大山聡子　大竹朝子
堀部直人　井上慎平　松石悠　木下智尋　伍佳妮　賴奕璇

Proofreader　鷗来堂
DTP　アーティザンカンパニー株式会社
Printing　共同印刷株式会社

ISBN978-4-7993-1758-7

携書ロゴ：長坂勇司
携書フォーマット：石間　淳